《肉牛养殖常见问题解答》编委会

编著
张巧娥

- -

副主编
梁小军

- -

编者
于　洋　王建东　侯鹏霞　吴兰慧

詹兴忠　谢建亮　李毓华　王自谦

高飞涛　许　青　高海慧　张转弟

李　月　李云鹤　梁小军　马吉峰

王　庆　张巧娥

张巧娥 / 编著

ROUNIU YANGZHI
CHANGJIAN WENTI JIEDA

肉牛养殖
常见问题解答

黄河出版传媒集团
阳光出版社

图书在版编目（CIP）数据

肉牛养殖常见问题解答 / 张巧娥编著. —— 银川：阳光出版社, 2020.11
ISBN 978-7-5525-5707-7

Ⅰ.①肉… Ⅱ.①张… Ⅲ.①肉牛－饲养管理－问题解答
Ⅳ.①S823.9-44

中国版本图书馆CIP数据核字(2020)第226825号

肉牛养殖常见问题解答 　　　　　　　张巧娥　编著

责任编辑　屠学农　申　佳　马　晖
封面设计　晨　皓
责任印制　岳建宁

黄河出版传媒集团
阳　光　出　版　社　出版发行

出 版 人　薛文斌
地　　址　宁夏银川市北京东路139号出版大厦（750001）
网　　址　http://www.ygchbs.com
网上书店　http://shop129132959.taobao.com
电子信箱　yangguangchubanshe@163.com
邮购电话　0951-5014139
经　　销　全国新华书店
印刷装订　宁夏凤鸣彩印广告有限公司
印刷委托书号　（宁）0019093

开　　本　880 mm×1230 mm　　1/32
印　　张　6.25
字　　数　160千字
版　　次　2020年12月第1版
印　　次　2020年12月第1次印刷
书　　号　ISBN 978-7-5525-5707-7
定　　价　32.00元

前言
Preface

《肉牛养殖常见问题解答》介绍了当前国内肉牛养殖过程中常见的问题，并进行解答。主要内容包括基础知识篇、营养与饲料篇、犊牛篇、育肥牛篇、繁育母牛篇、疾病篇6个方面，对于提高我国肉牛的集约化、标准化、精准化养殖水平，提升基层畜牧技术推广人员的科技服务能力和养殖者的生产管理水平具有重要的指导意义和促进作用。该书图文并茂，内容深入浅出，文字通俗易懂，介绍的技术具有先进、适用、易操作的特点，可作为肉牛养殖场（小区）、家庭牧场、养殖合作社生产管理人员、相关院校畜牧和兽医专业学生的实用参考书。

本书编者近年来一直从事牛生产学的教学、科研与社会服务工作。在教学和科研过程中，对肉牛的品种、饲养管理、牛肉品质分析等方面比较熟悉，在编写过程中，得到了许多同仁的关心和支持，并引用了许多专家和学者相关的书刊资料，在此致以诚挚的感谢！虽然编者尽最大努力完成了该书的编写，但由于水平有限、时间仓促等原因，书中的疏漏和不足之处在所难免，敬请同仁及广大读者批评指正。

张巧娥

2020 年 8 月 20 日

目录／CONTENTS

第一篇　基础知识篇

1. 如何判断西门塔尔牛代数和等级?

（1）一代牛:白头芯

白头芯除了头部中间有一块白色外，其他地方的颜色均和母本牛无异。当然各地的叫法也有一些不同,东北叫白头芯,山东叫小白头,四川叫头顶一朵白。体貌特征就是白头芯,其余的地方还保留着本地牛的特点,生长速度缓慢,抗病能力一般,属于四等牛。

（2）二代牛:穿鼻梁

穿鼻梁指的是头顶白色面积增大，一直穿过鼻梁到嘴巴的部位。和一代牛一样,大多数二代牛全身也是黄色,但是会有极少数牛出现小面积白花,白头芯四个白蹄子,但是体型也很结实有力,四肢粗壮,后背平直,偶尔会出现白尾巴,生长速度一般,抗病能力强,属于三等牛。

(3)三代牛

头已经全白了,但是还会保留红眼圈,有的牛有一个,也有的有两个,极少数的牛也会出现没有红眼圈的现象。身上有大面积的白花,同时四蹄变白,体貌特征和四代一等西门塔尔牛接近,唯一的缺点就是眼睛周围没有全白,俗称乌眼牛,生长速度快,属于二等牛。

(4)四代牛

红眼圈消失,头部全白,四蹄以及尾巴也是白色的,所以叫六白牛。粗壮有力,宽阔的脊背平展,远看非常雄壮有力,近看健壮结实,生长速度极快,抗病能力很强,属于一等牛。

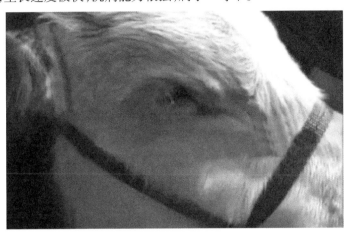

2.牛的正常生理指标有哪些?

健康牛每天反刍 8h 左右,特别晚间反刍较多;成年牛的正常体温为 38~39℃,犊牛为 38.5~39.8℃;成年牛呼吸 15~35 次/min,犊牛 20~50 次/min;成年牛脉搏为 60~80 次/min,青年牛为 70~90 次,犊牛为 90~110 次;正常牛每天排粪 10~15 次,排尿 8~10 次。

3.怎样给牛测体温?

一般测牛的直肠温度。测温前,先把体温计的水银柱甩到 35℃以下,涂上润滑剂或水。检查人站在牛正后方,左手提起牛尾,右手将体温计向前上方慢慢插入肛门内,把体温计夹在尾根部,3~5min后取出,查看读数。牛正常体温为 37.5~39.5℃,如果体温低于或超过正常范围就是有病。体温低于正常范围的牛,通常是患了大出血、内脏破裂、中毒性疾病,或者将要死亡。如果牛发热与不发热交替出现,则可能患有慢性结核、焦虫病或锥虫病。

4.怎样观察牛咳嗽?

健康牛通常不咳嗽,或仅发一两声咳嗽。如连续多次咳嗽,常为病态。通常将咳嗽分为干咳、湿咳和痛咳。干咳,声音清脆,短而干,疼痛比较明显。干咳常见于喉炎、气管异物、气管炎、慢性支气管炎、胸膜肺炎和肺结核病。湿咳,声音湿而长、钝浊,随咳嗽从鼻孔流出大量鼻液。湿咳常见于咽喉炎、支气管炎、支气管肺炎。痛咳,咳嗽时声音短而弱,病牛伸颈摇头。痛咳见于呼吸道异物、异物性肺炎、急性喉炎、胸膜炎、创伤性网胃炎、创伤性心包炎等。此外,还可见经常性咳嗽,即咳嗽持续时间长,常见于肺结核病和慢性支气管炎。

5.怎样观察牛反刍?

反刍是指草食动物在食物消化前将食团经瘤胃逆呕到口腔中,经再咀嚼和再咽下的活动,包括逆呕、再咀嚼、再混合唾液和再吞咽四个过程。健康牛采食 30~60min 后开始反刍,通常在安静或休息状态下进行。每次反刍时间持续 40~50min,每个食团咀嚼 40~80 次,一昼夜反刍 9~12 次,反刍时间 6~8h。当牛患瘤胃积食、瘤胃鼓气、创伤性网胃炎、前胃弛缓、胃肠炎、腹膜和肝脏的疾病、传染病和生殖器官系统疾病、代谢病和脑、脊髓疾病时都有反刍障碍。反刍可以排出消化过程中瘤胃产生的气体。

反刍可使瘤胃内容物磨碎,促使 60%~70%纤维素得到发酵分解。经反刍咽下的食物,在网胃中停留 25~30 s,反刍后 10~15min食物进入皱胃及肠道。液体 12 s 即可进入网胃,3~7min 出现在皱胃。皱胃的酸性胃液在喂食后 5~6min 即可开始分泌。

6.影响反刍的因素有哪些?

反刍时间长短,取决于食入饲草的数量、质量及磨碎这些饲草的时间,另外还受个体、品种、年龄、环境刺激等多种因素的影响,主要有以下几个因素。

(1)粗饲料切割长度:粗饲料的长度超过3cm才能引起反刍反射刺激,把秸秆粉碎过细会引起反刍次数降低,当牛采食较粗糙的干草和青贮饲料时需较长的采食时间和反刍时间, 有较多的唾液分泌,而采食小颗粒饲料时,所需要的采食和反刍时间相对较少,饲料在瘤胃中停留的时间也稍短,唾液的分泌量较少。

(2)饮水量:饲草料进入瘤胃中,需要有液体将其悬浮以方便搅动。饮水不足会使牛的瘤胃中这种"悬浮液"状态不佳,食物难以顺利搅动,妨碍了反刍的发生。

(3)环境:安静的环境有利于反刍活动的正常出现和进行,嘈杂的环境、陌生人的惊吓、殴打等都会抑制牛的反刍,因此牛场要处在相对稳定、安静的环境,避免出现噪声、大量陌生人出现等现象。

7.唾液有何作用?

唾液在牛的消化代谢中有特殊的作用, 腮腺一天可分泌含0.7%碳酸氢钠液50L, 即分泌碳酸氢钠300~350g,肉牛分泌唾液100~200L。主要杀菌、保护口腔等作用,还有其他作用。

(1)湿润饲料:唾液可浸泡、湿润、软化粗饲料,使之咀嚼,形成草团,便于吞咽,有助于消化饲料和形成食糜。

(2)缓冲作用:唾液中富含大量碳酸盐、磷酸盐、缓冲盐和尿素氮等缓冲物质,可中和瘤胃发酵产生的有机酸,维持瘤胃内的酸碱平衡。牛的唾液呈碱性,pH 约为8.2,与瘤胃内细菌作用产生的有机酸中和,使瘤胃的 pH 维持在 6.5~7.5 之间,因此给微生物生长、繁殖和活动提供了适宜的条件,对维持瘤胃内环境的稳定和内源氮重新利用起着重要的作用。

（3）预防瘤胃鼓胀：唾液中含有黏液素，可减弱某些日粮产生泡沫，采食时增加唾液分泌量，有助于预防瘤胃鼓胀。

（4）提供养分：唾液含有大量的钠离子和其他无机元素，为瘤胃微生物提供一些养分，如尿素中氮，矿物质中钠、氯、磷、镁等。

8.成年牛胃各部分的功能是什么？

牛胃分为四部分：瘤胃、网胃、瓣胃和皱胃。

（1）瘤胃：位于腹腔左侧，几乎占据整个左侧腹腔，食糜经贲门进入，消化后进入瘤网胃口进入网胃。是降解纤维物质能力最强的天然发酵罐，容积为100~300L，约占四部分胃的80%，瘤胃内有大量微生物，包括原生动物（纤毛虫为主）和细菌，瘤胃本身并不分泌酶，所有瘤胃内的酶全是由微生物产生。草料中纤维物质在这些微生物所产生酶的作用下发酵分解，形成低级脂肪酸，大部分在瘤胃内吸收。

（2）网胃（蜂巢胃）：位于瘤胃前部，瘤网胃并不完全分开，饲料颗粒可以自由地在两者之间移动。网胃内皮有蜂窝状组织，故俗称蜂窝胃。主要功能如同筛子，随着饲料吃进去的重物，如钉子和铁丝等，都存在其中，网胃便起到了过滤的作用。

（3）瓣胃（重瓣胃）：位于腹腔前部右侧。前通网胃，后接皱胃。黏膜面形成许多大小不等的叶瓣，没有消化腺。其主要功能在阻留食物中的粗糙部分，继续加以磨细，并输送液体部分进入皱胃，同时吸收大量水分和酸。

（4）皱胃（真胃）：是牛胃的第四部分，位于反刍动物的右侧腹底部，上连瓣胃，下接十二指肠。功能类似单胃动物的胃，与前胃不同的是，皱胃附有消化腺体，可分泌消化酶，能帮助消化食物，因此被称为真胃，同时也被称为"腺胃"。其消化腺体主要分布在胃底处

和幽门处,主要有盐酸、胃蛋白酶和凝乳酶等,呈酸性,pH 在 1.05~
1.32,除对饲料中蛋白的消化功能外,皱胃胃液还可以杀死食糜中
的微生物,为牛提供营养。

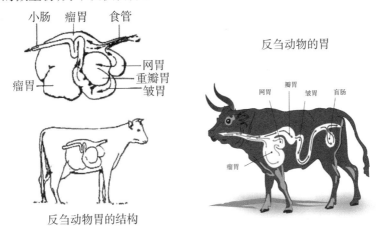

反刍动物胃的结构

9.肉牛是否需要补充 B 族维生素?

牛是复合型的胃,加之肠道很长(小肠长 35~40m,大肠 8~9m),
因此食物在牛消化道内存留时间较长,一般需要 7~8 天甚至 10 多
天。故更换饲草饲料时要有适应过程。牛瘤胃消化(发酵)过程中,
微生物能合成 B 族维生素和维生素 K、维生素 C,因此肉牛一般不
会缺乏这类维生素营养物质。

10.怎样观察牛嗳气?

嗳气是反刍动物正常的生理现象,借助嗳气将瘤胃内发酵气体
排出体外。健康牛一般每小时嗳气 20~40 次。嗳气时,可在牛的左侧
颈静脉沟处看到由下而上的气体移动波,有时还可听到咕噜声。嗳
气减少,见于前胃迟缓、瘤胃积食、真胃扭转、瓣胃积食、创伤性网
胃炎、继发前胃功能障碍的传染病和热性病。嗳气停止,见于食道
梗塞,严重的前胃功能障碍,常继发瘤胃鼓气。当牛发生慢性瘤胃

迟缓时,呼出的气体常带有酸臭味。

11.怎样检查牛的眼结膜?

健康牛双眼有神,视觉灵敏、反应迅速,眼结膜呈淡粉红色。检查时,两手使牛头转向侧方,巩膜自然露出。检查眼睑结膜时,用大拇指将下眼睑压开。病牛则两眼无神,反应迟钝,因病不同,眼结膜多有变化;眼结膜苍白,多见于慢性消耗性疾病,如牛结核、焦虫病、慢性消化不良等;眼结膜潮红多见于发热性疾病,如牛肺炎、牛胃肠炎等;眼结膜发绀多见于循环和呼吸障碍的疾病,如牛肺疫、牛心肌炎、肠变位和中毒性疾病;眼结膜发黄多见于肝胆疾病及血液病等。瘤胃积食也易引起眼结膜发绀、充血。

12.怎样检查牛的呼吸数?

在安静状态下检查牛的呼吸数。一般站在牛胸部的前侧方或腹部的后侧方观察,胸腹部的一起一伏是一次呼吸。计算 1min 的呼吸次数,健康犊牛为 20~50 次/min,成年牛为 15~35 次/min。在炎热季节,外界温度过高、日光直射、圈舍通风不良时,牛的呼吸数增多。

13.怎样检查牛的呼吸方式?

健康牛的呼吸次数 10~30 次/min,呈平稳的胸腹式呼吸,即呼吸时胸壁和腹壁的运动强度基本相等。检查牛的呼吸方式,应注意牛的胸部和腹部起伏动作的协调和强度。如出现胸式呼吸,即胸壁的起伏动作特别明显,大多是由于患腹腔器官疾病,多见于急性腹膜炎、急性胃扩张、急性瘤胃鼓气、腹壁外伤以及膈肌的破裂、外伤和麻痹、急性创伤性心包炎、腹腔大量积液等。如出现腹式呼吸,即腹壁的起伏动作特别明显,则常见于某些胸腔器官疾病,多见于急性胸膜炎、胸膜肺炎、胸腔大量积液、心包炎及肋骨骨折、慢性肺气肿等。

14.如何检查牛的脉搏数？

在安静状态下检查牛的脉搏数。通常是触摸牛的尾中动脉。检查人站立在牛的正后方，左手将牛的尾根略微抬起，用右手的食指和中指压在尾中动脉上进行计数，记录 1min 的脉搏数。

15.怎样看牛的鼻液是否正常？

健康牛不管天气冷热和昼夜，鼻镜不断出现水珠，且分布均匀，保持湿润。在患急性发热性疾病时，牛鼻镜、鼻盘干燥甚至龟裂，多见于牛梨形虫病、牛败血病等；看鼻腔包括鼻黏膜和鼻漏的检查，一般呈浆性、黏性或脓性且具有粉红色、铁锈色、恶臭味的鼻液，多见于牛肺疫；从一侧鼻孔流出鼻液，多见于鼻炎、副鼻窦炎。

16.怎样检查牛的口腔和舌苔？

进行牛的口腔检查时，用一只手的拇指和食指，从两侧鼻孔捏住鼻中隔并向上提，同时用另一只手握住舌头并拉出口腔外，即可对牛的口腔全面观察。健康牛口腔黏膜淡红，温度正常，无异味。病牛则口腔黏膜苍白、流涎或干涩，温度忽高忽低，有恶臭味。口腔发红见于热性疾病，如急性传染病、胃肠炎等；口腔青紫是血液循环障碍、缺氧的结果，常见于结症的中、后期，肠变位、胆结石等；口腔发白多见于贫血、营养不良、寄生虫病、大失血、内脏破裂等；牛患放线菌病时，可见口腔黏膜肿胀、潮红、溃烂，当增大的肿块皮肤破溃时，可露出鲜红色的肉芽，上附脓液；口腔过分湿润或大量流涎，常见于口炎、咽炎、食道梗塞、某些中毒性疾病和口蹄疫；口腔干燥，见于热性病，长期腹泻等。

健康牛舌苔红润光滑，舌头伸缩强健有力，温度正常。病牛则舌苔多为黄、白或褐色，舌苔厚而粗糙，舌头伸缩无力，灵活度差，舌温非高即低。当舌部受侵害时，因组织增生而肿大变硬，活动不便,称为"木舌病",病牛流涎、咀嚼、吞咽、呼吸均困难,气喘;牛患炭疽病时,舌及口腔黏膜发生硬的结节,舌肿大呈暗红色,唾液中带血;牛患热性病及胃肠炎时,舌苔常呈灰白或灰黄色。

17.怎样观察牛的粪便?

正常牛的粪便具有一定的形状和硬度,软而不稀,硬而不坚,无异臭,排粪有规律。正常牛在排粪时,背部微弓起,后肢稍微开张并略往前伸。每天排粪10~18次。如排粪次数增多,粪便稀薄如水称为腹泻,多见于牛肠炎、结核和副结核病及犊牛副伤寒等;排粪减少,粪便变硬,或表面附有黏液多为便秘,多见于运动不足、前胃疾病、瘤胃积食、肠阻塞、肠变位、热性病及某些神经系统疾病;排粪失禁见于严重下痢、腰间部脊椎损伤或炎症、脑炎等;排粪时呈现痛苦、不安、弓背甚至呻吟、鸣叫,但不能大量排便的,见于牛的创伤性网胃炎、肠炎、瘤胃积食、肠便秘、肠变位和某些神经系统疾病。

18.牛排尿异常症状有哪些?

观察牛在排尿过程中的行为与姿势是否异常。牛排尿异常症状有:多尿、少尿、频尿、无尿、尿失禁、尿淋漓和排尿疼痛等。

19.如何进行尿液感观检查?

尿液感观检查,主要是检查尿液的颜色、气味及其数量等。健康牛的尿液呈清亮透明、呈浅黄色。如排出的尿液异常有强烈氨味、醋酮味,颜色变黄、变红、变浑浊。

20.怎样给牛进行皮下注射?

皮下注射,是将药液注射于皮下组织内,一般经5~10min起作用。一般选择在颈侧或肩胛后方的胸侧皮肤进行注射。注射前,剪毛消毒,一只手提起皮肤呈三角形,另一只手持注射器,沿三角形基部刺入皮下,进针2~3cm,抽动活塞,不见回血,就可推注射药液。注射完药液后迅速拔出针头,局部以碘酊或酒精棉球压迫针孔。

21.怎样给牛进行肌肉注射?

肌肉注射,是将药液注射于肌肉组织中,一般选择在肌肉丰富的臀部和颈侧。注射前,剪毛消毒,然后将针头垂直刺入肌肉适当深度,接上注射器,回抽活塞无回血即可注入药液。注射后拔出针头,注射部位涂以碘酊或酒精。注意,在注射时不要把针头全部刺入肌肉内,一般为 3~5cm,以免针头折断时不易取出。过强的刺激药,如水合氯醛、氯化钙、水杨酸钠等,不能进行肌肉注射。

22.怎样给牛进行静脉注射?

静脉注射,多选在颈部上 1/3 和中 1/3 交界处的颈静脉血管。必要时也可选乳静脉进行注射。注射前,局部剪毛消毒,排尽注射器或输液管中气体。以左手按压注射部下边,使血管怒张,右手持针,在按压点上方约 2cm 处,垂直或呈 45°刺入静脉内,见回血后,将针头继续顺血管推进 1~2cm,接上针筒或输液管,用手扶持或用夹子把胶管固定在颈部,缓缓注入药液。注射完毕,迅速拔出针头,用酒精棉球压住针孔,按压片刻,最后涂以碘酒。注射时,要先保定牛,注入大量药液时速度要慢,以 30~60 滴/min 为宜,药液应加温至接近体温,一定要排净注射器或胶管中的空气。注射刺激性的药液时不能漏到血管外。

23.如何观察牛精神状态?

健康牛精神活泼,耳目灵敏,对周围环境反应敏感。病牛则表现精神沉郁或兴奋不安、低头耷耳、双目无神、呆立不动,对周围环境刺激反应迟钝,多见于一些慢性疾病或疾病后期。病牛兴奋时表现狂躁不安、前冲后撞、不听呼唤、不时哞叫、乱奔乱跑则多见于脑炎和中毒性疾病。

24.如何观察牛被毛皮肤？

健康牛被毛光亮、整齐，富有弹性，不易脱落，皮肤颜色正常，无肿胀、溃烂、出血等。病牛会因疾病的不同使被毛和皮肤发生各种不同的变化。患疥螨和湿疹牛被毛成片地脱落，皮肤变厚变硬，出现搔痒和擦伤；患慢性消耗性疾病，如牛结核、寄生虫病和某些代谢性疾病时，则表现被毛粗乱、无光泽、容易脱落等。

25.如何观察牛步态姿势？

健康牛步态稳健，灵活自如。发病时则表现为跛行、步态不稳、协调性差、起卧不安等。如牛患破伤风时，表现为头颈伸直、耳竖尾翘、腰腿僵直，形似木马；患脑炎及脑膜炎时，病牛呈现盲目运动，大脑意识紊乱，不听主人呼唤；患脑包虫病时，常常做无意识的定向转圈运动。

26.如何观察牛食欲饮欲？

牛食欲饮欲好坏是健康的重要标志。食欲不良、时好时坏多见于慢性消化系统疾病；食欲废绝多见于前胃疾病及其他严重疾病，如瘤胃积食、瘤胃鼓气等；食欲亢进见于重病恢复期及消化器官功能不良而体内营养消耗过多的疾病等；食欲异常、异食癖等多见于牛体内某些维生素、矿物质或微量元素缺乏及神经异常等。

牛饮水时把嘴伸进水里吸水，鼻孔露在水面上，一般每天至少饮水 4 次以上，饮水多在午前和傍晚，很少在夜间和黎明时饮水。饮水量因环境温度和采食饲料的种类不同而有较大差异，一般每天饮水 15~30L。

27.如何观察牛尾巴变化？

健康牛尾巴的摆动虽没有固定频率，但却有一定的变化规律。天热比天冷摆动次数多、幅度大；行走时比站立静止时摆动次数多；

采食时比不采食时摆动次数多;白天比夜晚摆动次数多。发育良好的健康牛,其尾巴粗细长短适中,摆动灵活有力且幅度较大;发育不良的病牛尾巴细小或弯曲,摆动不灵活,幅度较小。热症病牛尾卷耳耷,不爱活动,严重时垂尾不动,尾体发热;寒症病牛尾毛散乱,手触发凉;外感风寒时牛尾卷头低,尾巴摆动少幅度小;牛腹痛时常回头观腹,轻者尾巴卷向一侧,重者时卧时起,尾巴夹于后腿内。

28.牛瘤胃液的正常pH是多少?

牛瘤胃液的正常pH是6.8~7.2,饲喂青贮饲料、糟粕类饲料、精饲料多时pH为6.5~7.0。用导胃管抽取瘤胃液(或用20号针头穿刺瘤胃下部注射器抽取)后,用酸碱试纸或酸度计测试。

29.瘤胃微生物族群主要有哪些?

(1)瘤胃细菌:种类繁多,包括纤维素分解菌、淀粉分解菌、蛋白质分解菌、脂肪分解菌、维生素合成菌、产甲烷菌、产氨菌等。

(2)瘤胃原虫:原虫数量比细菌少,但体积大得多。原虫可利用纤维素,但主要的发酵产物是淀粉和可溶性糖。由于原虫细胞内的物质发酵很慢,所以它们可能有助于瘤胃保持稳定的发酵模式。

30.肉牛采食的特点有哪些?

(1)牛味觉生理特点:牛喜食带有酸甜口味的饲料,因此,在生产实践中,可以运用酸味和甜味调味剂调制低质粗饲料,如玉米、水稻、小麦等农作物的秸秆,改善其适口性,提高采食量,降低饲料成本。

(2)牛采食速度快:饲料在口腔中不经仔细咀嚼即咽下,在休息时进行反刍。牛舌大而厚,有力而灵活,舌的表面有许多向后突起的角质化刺状乳头,会阻止饲料掉出来,如饲料中混有铁钉、铁丝、玻璃碴等异物时很容易吞咽到瘤胃内,但瘤胃强烈收缩时,尖锐的异物会刺破胃壁,造成创伤性胃炎,甚至引起创伤性心包炎,危机牛的生命。当牛吞入过多塑料薄膜或塑料袋时,会造成网瓣胃处堵塞,严重时会造成死亡。

(3)牛无上门牙,而有齿垫,嘴唇厚,吃草时靠舌头伸出把草或日粮卷入口中。

31.牛是如何感知周围环境?

牛主要用视觉、听觉和嗅觉感知周围环境,它们也会对触摸做出反应。

(1)视觉:视觉感观是一种宽幅的、全彩的、全景视野。它们可以看到大约300°,但不能直接看到身后。垂直视力限制在60°左右,这就意味着它们必须低头才能看到地面。因此,在驱赶牛的过程中,最好不要着急,要让它们有时间低头来判断地面情况。

牛的深度感知性较差,双眼不能迅速聚焦。因此,它们可能会因为光线的强烈反差而畏缩不前,而地面上的阴影在它们眼里更

像一个深坑。牛可以辨别颜色但是辨别能力不佳,它们也不是像人们普遍认为的那样会被红色激怒。但它们对明暗对比很敏感,因此牛会比较适应颜色相对一致的设施环境。

(2)听觉:牛不像人类那样可以准确定位声源的位置。它们只能将声源定位在30°左右的范围内。牛的听觉范围比人类广,能够听到更低和更高频率的声音,但是不喜欢高分贝的声音,因此安静地对待牛是明智的选择。对于声音刺激牛的第一个反应是采用视觉调查,如果有情况在它们视觉范围之外发生,比如身体正后方,它们会突然转身去调查这个声源。

(3)嗅觉:牛能用嗅觉识别彼此,并进行发情检测和繁殖活动。当它们受到惊吓时,通常较少依靠嗅觉,更多地依靠视觉和听觉。如果牛把某些气味与不好的东西联系起来,那么这些气味可能会引起警觉或恐惧。

(4)触觉:牛通过触觉来判断它们所处的环境,坚实有力的接触往往能使牛群平静下来。这就解释了为什么当他们进入保定夹

之后会停止挣扎。轻拍可能被误解为击打,这些轻微的接触可能会使牛发痒或害怕,最好要避免。牛是群居动物,它们会因感觉到周围有其他同类而得到心安,尤其是在 1m 范围以内。牛对某些不舒服的接触会产生联想,所以避免暴力或骚扰性的触摸。

32.养牛要做到六净?

(1)料净:喂牛的精料要严格选择并粉碎好,不得含有沙、土、石等异物,不霉、不腐。

(2)草净:每次喂草前,干草最好过筛,筛去泥土,拣出异物。

(3)圈净:圈舍和栏杆要卫生,做到勤消毒、勤垫土、勤换垫草、勤除粪,保持圈内清洁,空气新鲜。

(4)槽净:每天应定时打扫干净饲槽,除去残留草料,夏秋季节每天要用清水冲刷 1 次。

(5)水净:要给牛饮新鲜、干净、清洁、卫生的水。

(6)体净:坚持刷拭牛体,可促进其血液循环,消除疲劳,使牛健康,少得病。

33.饲养一头牛成本需要多少?

(1)牛舍:建设一个相对标准的圈舍,50 头规模需要 5 万元左右。按照使用 20 年计算,每年折旧费在 2 500 元,平均 50 元/头。

(2)牛犊:目前良种肉牛犊 200kg 左右,市场价格在 6 000~6 500元/头。

(3)饲料:一般良种肉牛犊 200kg,需要经过 8~10 月育肥,体重达到 600~700kg 进行出栏。每头牛饲料成本为 3 500~5 500 元,若在粗饲料完全高价购买的情况下,成本还会更高。

(4)防疫:一般一头牛药品、防疫等平均 200 元,若超过 200元,养牛可能就会赔钱。

（5）人工：养 50 头牛，一般自己饲喂就可以了，不建议找人养殖。

（6）其他：如水、电等，平均 100 元/头牛。

养牛成本总计：9 850~12 350 元/头。

34.购牛前后有哪些要求？

（1）购牛前

①品种择优：优良的杂交牛具有肉长发育快、饲料报酬高、屠宰率高等特点，优先挑选二元或三元杂交牛。

②就近采购：养殖户不能自繁自育，最好就近采购。需要从外地引入架子牛，提前到当地畜牧兽医部门了解有无疫情，确定无疫病后才能前往采购。

③清理栏舍：预备购牛前，先将畜舍清扫干净，并进行全面消毒，消毒可根据病原选用 2%烧碱水、5%~10%来苏儿或 10%过氧乙酸。

④询问牛源：采购架子牛时，要询问品种、防疫、饲喂次数和饲喂时间等，购进后，要尽量满足以前的饲喂条件，禁止突然变换饲料和饲喂方法。

（2）购牛后

①隔离养殖：新购牛不能与场里的牛混养，必须隔离 20~30 天，若出现病牛，尤其是传染性疾病，要采取措施，避免疫病扩大和流行。

②适应养殖环境：饮水后，让牛自由活动、排尿和排便，投给适量的粗饲料，再逐渐添加精料，待完全适应后，再让其自由采食。

③驱虫混养：新购牛经过 20~30 天隔离，若无疾病，用盐酸左旋咪唑片按每 5kg 体重 25~30mg 内服驱虫后并用健胃散进行健胃，便可与其他牛合群混养。

④免疫接种:通过7~10天的观察,在确定架子牛健康的情况下,可进行牛瘟、牛丹毒、牛肺疫等疫苗的免疫接种。

35.牛场消毒方法有哪些?

(1)喷雾消毒:用一定浓度的次氯酸盐、有机碘混合物、过氧乙酸、新洁尔灭等,用喷雾装置进行喷雾消毒,主要用于带牛环境消毒、牛场道路和周围及进入场区的车辆,使用0.1%新洁尔灭,0.3%过氧乙酸,0.1%次氯酸钠,以减少传染病和蹄病等发生。

(2)浸液消毒:新洁尔灭为表面活性消毒剂,对许多细菌和霉菌杀伤力强,0.01%~0.05%新洁尔灭用于黏膜和创伤的冲洗,0.1%新洁尔灭用于皮肤、手指和术部消毒。3%~5%来苏尔杀菌力强,可供牛舍、用具和排泄物的消毒。

(3)紫外线消毒:对牛场工作人员和外来参观人员入口处常设紫外线灯照射,以起到杀菌效果。

(4)喷撒消毒:在牛舍周围、门前消毒池(入口处)和槽具等用2%~3%氢氧化钠(火碱)用于杀死细菌、病毒和芽孢;10%~20%石灰乳液用于口蹄疫、传染性胸膜肺炎、腹泻等病原污染圈舍、地面及用具的消毒。

36. 饲养肉牛有哪几种模式?

(1)繁殖型(犊牛生产型)

以饲养繁殖母牛为主要生产手段,生产犊牛后,公牛直接育肥或出售给育肥场(户),健康母牛转入基础母牛群。这种模式一般以出售育肥用架子牛和育成母牛为目的。为了提高繁殖母牛的饲养效益,必须做到:①引进健康、繁殖能力强的母牛;②运用先进的繁殖技术,选配公牛品种优良;③具有一定的母牛养殖场和优质高效的饲草饲料基地。

（2）肥育型

这种饲养模式是购入架子牛,饲养育肥、出售,一般采用完全舍饲或半舍饲的育肥方法。应注意:①购入品种优良、生长迅速、发育整齐、二元或三元杂交的架子牛;②饲喂营养丰富的饲草饲料(日粮),以增加产肉量和改善肉质。

（3）繁殖—肥育型(混合型)

即由犊牛生产至育肥、出售一体化的饲养模式,一般采用持续育肥法,犊牛断奶后迅速转入肥育阶段进行育肥,达到出栏体重(500kg 以上)后出售。此种模式能够使牛在饲料利用效率较高的生长阶段保持较高的增重,缩短饲养周期,其优点:能生产出品质优良且屠宰率和净肉率高的牛肉,生产费用较低,经营者获得较高的经济效益。

37.牛场环境条件有哪些要求?

（1）地形平坦、背风、向阳、干燥,牛场地势应高出当地历史最高洪水线,地下水位要在 2m 以下。

（2）水质必须符合《生活饮用水卫生标准》,水量充足,最好用深层地下水。

（3）牛舍场地要开阔整齐,交通便利,并与主要公路干线保持500m 以上的卫生间距。

（4）牛舍应保持适宜的温度、湿度、气流、光照及新鲜清洁的空气,禁用毒性杀虫、灭菌、防腐药物。

（5）牛场污水及排污物处理达标。

38.影响肉牛饮水的因素有哪些?

肉牛的饮水量取决于环境温度、水质、饲料成分和牛的生理状况等。研究表明,缺水比缺少其他营养物质更易引发代谢障碍。短时间缺水,就会引起食欲减退,生产力下降。较长时间的缺水,会使饲料消化发生障碍,代谢物质排出困难,血液浓度及体温也随之增高,当因缺水使体重下降20%时便会死亡。肉牛每天的需水量以采食干物质量估计,即每采食1kg干物质饲料需水3.5~5.5kg。

(1)环境温度:干物质采食量在温度适当,不受炎热应激因素干扰时,肉牛每天的需水量以采食干物质量估计,即每采食1kg干物质饲料需水3.5~5.5kg,饮水量与摄取干物质量成正比。炎热可使水的消耗量增加到体重的12%。在低温情况下,肉牛每吃1kg干物质需要水3.1kg。气温上升,当然需水量也增加,在高温情况下可增加到5.2kg。

(2)水质:水中固体物的含量是影响水质的重要指标。好的水质,固体物含量低于2.5g/L,如超过10g/L,则不可饮用。水中氯化钠浓度高于2%则会中毒。水中不应含有毒的物质,如氟、铅、砷和杀虫剂。牛也不应饮用有绿藻、蓝藻等生长的水,因为现已发现多种藻类中有潜在的中毒因子。

(3)饲料成分

饲料里水分高,饮水量就减少。饲料的水分含量:青草约85%,青贮饲料60%以上,精饲料15%~85%,草的质量和天气对需水量影响很大。另外,体内水的需求还与脂肪、碳水化合物、蛋白质的代谢有关。蛋白质丰富的饲料,饮水量就多,含盐分高的饲料,由粪尿中排出的水分就多,因而饮水量也相应增加。

(4)牛的生理阶段

牛乳中85%~87%是水,水的消耗量与牛乳成正比。泌乳牛吃干物质多,饮水量就相应增加,往乳汁送去的水分也多。在常温下,每产乳10kg需要水30kg,随气温上升每产乳10kg,水的需求量增为 40kg。育肥牛一般冬季每天饮水量为 15kg,夏季增加到 25kg。温度低时体表散发水分减少,因此水的需要量也相应减少。

39.牛场对水质有什么要求?

水具有很强的溶解性, 水质好坏决定于溶解物质的种类和数量,牛的饮用水应符合人的饮用标准。

(1)要求水源水质良好

最好饮用自来水,对深水井、河水要经沉淀、消毒后再饮用,有污染的水禁用。

(2)水质要符合饮用标准

大肠杆菌数不要超过 10 个/L,pH 在 7.0~8.5 之间, 并应经常对饮用水进行监测, 硬度过大的饮水可采用饮凉开水的办法降低硬度,高氟地区可在饮水中加入硫酸铝、氢氧化镁来降低水中氟量。

(3)要求饮水器具卫生

牛的饮水器具要每天按时刷洗,每周定期消毒。夏季温度高,微生物易滋生,水质易变坏,更要注意清洁卫生,特别是运动场中的水槽或水箱,要注意清洗和消毒,若长时间不清洗的水槽、水箱会沉积很多杂物,寄生虫迅速生长并传播,所以要定期的清洗与消毒可以降低疾病扩散的风险。建议定期使用 0.1%的高锰酸钾进行清洗消毒。

(4)要注意科学饮水

冬季保证喝上温水,水温一般不低于 10~12℃,夏季要饮凉水,或在饮水中添加些抗热应激的药物,如小苏打、维生素 C 等,以缓解热应激。

(5)要求饮水充足

养殖场可在牛舍内安装自动饮水器,让牛随时喝到水。如定时供水,每天饮水 3~4 次,夏季可增至 5~6 次。若饮水量不足,会导致牛的采食量下降、消化不良、血液黏稠等问题,同时体重降低,严重还会引发代谢紊乱。

(6)要重视产后饮水

母牛产后应及时供给温热的麸皮、红糖水,以补充牛体内流失的水分,维持牛体健康,防止产后便秘。

40. 减少肉牛热应激有哪些措施?

夏天会受到更大的挑战。通过提供适当的遮阳棚、饮水、喷淋或喷雾、空气流动和饲料,可以让牛群健康、快乐、高产。

(1)保证饮水充足、新鲜和干净

当温度升高时,肉牛需要摄取很多饮水。在正常的气候环境里,每头育肥牛每天的饮水量 50~80L。如果在高温高湿环境下,饮水量会翻倍。要确保为牛群增加可利用的饮水。温度升高时,牛将不愿意行走更长的距离,愿意待在阴凉处或靠近阴凉处饮清凉干净的水。因此,保证水槽的清洁、卫生和干净,才有可能战胜热应激。

(2)提供适当的阴凉处

可以降低肉牛身体温度。自然的阴凉处,比如树下,若没有树使用便携式的遮阳布或者重量较轻的屋顶材料作为备选方案。另外在饲喂通道提供遮阳棚,可增加肉牛的采食量。

(3)可以经常采食到饲料

在炎热的月份里,采食量通常会下降。采食量下降会导致肉牛生长速度下降。为了保持肉牛食欲旺盛,需要提供新鲜的日粮。在一天比较凉快的时间段,增加饲喂频率可以保证日粮新鲜、可口,便可增加采食量。

（4）安装喷雾或喷淋和适当的空气流动

肉牛几乎没有通过排汗来降温的功能。使用喷雾、喷淋和风扇可以帮助肉牛降温。可在肉牛聚集的地方,安装喷雾和喷淋。但要保证喷雾和喷淋的干净,同时风扇能持续提供适当的空气流动。空气流动和持续的水是帮助肉牛降温的关键。

（5）提供合适的饲料添加剂

高温会导致瘤胃酸碱 pH 下降,导致肉牛饲料消化率和增重下降。尽管提供上述缓解热应激的策略至关重要,但调整饲喂方案,提供合适的添加剂,如酵母培养物和益生菌,可以促进肠道健康,提升免疫力,以及有利于机体健康,健康的肠道可以帮助肉牛对抗热应激。

第二篇 营养与饲料篇

1.肉牛必需的营养物质有哪些功能？

（1）蛋白质：蛋白质是肉牛维持生命、生长和繁殖不可缺少的物质。在肉牛的生长发育、增膘、产奶等过程中，各部分组织都要不断地利用蛋白质来加以增长、修补和更新；精液的生成、精子和卵子的产生、乳汁的分泌都需要蛋白质。蛋白质在牛体内也可以像碳水化合物和脂肪一样，转变成热量，供牛满足维持生命和肉、皮、毛生长的需要；而碳水化合物和脂肪不能代替蛋白质的功能。因此，蛋白质是最重要的营养物质，也是牛较易缺乏的营养物质。

（2）碳水化合物：碳水化合物是肉牛所需能量的主要来源。它进入牛体后，被燃烧（氧化）后变成热，成为肉牛呼吸、运动、消化、吸收及维持体温等各种生命活动的能源。剩余的部分碳水化合物便会在牛体内转变成脂肪储存起来，作为能量储备，以备饥饿时利用。碳水化合物在牛体内不能转化成蛋白质。如果碳水化合物饲料供应不足，牛体内储存的脂肪就要被动用，用来满足牛对能量的需要。

（3）脂肪：牛体各组织器官都含有脂肪。脂肪对牛的作用：一是供给能量和体内贮存能量的最好形式，二是脂溶性维生素的溶剂。脂溶性维生素 A、维生素 D、维生素 E、胡萝卜素，必须用脂肪作为溶剂才能运送，当脂肪缺乏时，会影响这类维生素的吸收和利用。另外，犊牛缺乏脂肪，会使其生长发育减慢，消化系统发育不良。

（4）钙和磷：牛体中的钙和磷是骨骼的主要成分。牛从胎儿生长发育时就需要大量的钙和磷,特别是泌乳期母牛和怀孕最后两个月的母牛需要钙和磷更多。当钙、磷缺乏时,早期症状表现为食欲减少,喜欢啃食泥土、砖块、木头等物;牛与牛之间常互相舐食皮毛和咬耳朵;增重速度减慢,产奶量下降等。若长期缺钙、磷或钙、磷比例不当,犊牛慢慢消瘦、生长停止、发育不正常;母牛不发情、发情屡配不孕,会造成跛行;孕牛或哺乳母牛瘫痪,容易发生骨折等。

(5)食盐:既是调味品又是营养品。它能改善饲料的适口性,增进食欲,帮助消化,提高饲料利用率,是牛不可缺少的矿物质补充饲料之一。牛缺盐时,表现为渴求食盐,舐食有咸味的异物,食欲减退,被毛粗乱,眼无光泽,生长减慢,体重和产奶量下降。食盐的补给量肉牛可按配合饲料的 0.25%~0.50%添加,也可单独加在饮水中喂给,每天 20~50g。

(6)水:肉牛饮水不足,将直接影响增重,长期缺水,将危及生命。一般哺乳期肉用犊牛采食 1kg 干物质需水 1.5~1.8kg;青年牛及成年牛需水量在气温 10℃以下时,每采食 1kg 干物质需水 3~3.5kg;育肥牛在以配合饲料为主时,饲养不足 24 月龄的牛,夏秋季节每天需水 30kg 左右。

2.肉牛常用饲料原料有哪些营养特性?

(1)玉米:是能量饲料之王,在能量饲料中,玉米占主导地位,这是任何其他能量饲料所不能比拟的。目前世界上玉米的主要用途是作饲料,玉米作为饲料占总饲料的 70%~75%。玉米作为饲料的营养价值特点如下。

①可利用能量值高:玉米是谷实类籽实中可利用能量最高的,粗纤维含量少,仅 2%;无氮浸出物高达 72%,且主要是淀粉,消化

率高；脂肪含量为 4%左右，是小麦等麦类籽实的 2 倍，所以玉米可利用能量是谷类籽实最高者。

②蛋白质含量低(7%~9%)，品质差，缺乏赖氨酸、色氨酸，例如玉米中赖氨酸含量为 0.24%，色氨酸含量为 0.07%。原因是玉米蛋白质中多为玉米醇溶蛋白，其品质低于谷物蛋白。

③亚油酸较高：亚油酸是必需脂肪酸，它不能在动物体内合成，只能从饲料中提供，是最重要的必需脂肪酸。玉米亚油酸含量达到 2%，是所有谷实饲料中含量最高者。

④维生素：玉米中含有丰富的维生素 E，平均为 20 mg/kg，而维生素 D、维生素 K 缺乏，水溶性维生素中 B$_1$ 较多。新鲜玉米含维生素丰富，但贮存时间长了，虫咬、过夏或发霉等均可降低玉米中的维生素含量。

⑤矿物质：玉米含钙极少，仅 0.02%左右；含磷约 0.25%，其中植酸磷占 50%~60%；铁、铜、锰、锌、硒等微量元素也较少。

⑥色素：黄玉米含色素较多，主要是 β-胡萝卜素、叶黄素和玉米黄素。影响玉米品质的因素主要有水分、贮藏时间、破碎粒和霉变情况。水分含量高，不易贮存，易促使黄曲霉生长。霉变的玉米可降低适口性和肉牛增重，甚至出现中毒症状。玉米含脂肪高，且多为不饱和脂肪酸。玉米粒较易贮存，粉碎后易氧化、霉败变质，所以粉碎的玉米应尽快饲用。

(2)麸皮和次粉：麸皮一般由种皮、糊粉层、部分胚芽及少量胚乳组成，其中胚乳的变化最大。次粉由糊粉层、胚乳和少量细麸皮组成，是磨制精粉后除去小麦麸、胚及合格面粉以外的部分。小麦加工过程可得到 2%~25%小麦麸、3%~5%次粉和 0.7%~1%胚芽。小麦麸和次粉数量大，是我国畜禽常用的饲料原料。

①麦麸的营养特点。

A.粗蛋白质含量高(12.5%~17%)，比整粒小麦含量还高，而且质量较好。与玉米和小麦相比，小麦麸和次粉的氨基酸组成较平衡，其中赖氨酸、色氨酸和苏氨酸含量均较高，特别是赖氨酸含量(0.67%)较高。

B.粗纤维含量高。由于小麦种皮中粗纤维含量较高，使麦麸中粗纤维的含量也较高（8.5%~12%），这对麦麸的能量价值稍有影响。有效能值较低，可用来调节饲料的养分浓度。

C.脂肪含量约4%左右，其中不饱和脂肪酸含量高，易氧化酸低。

D.维生素B族及维生素E含量高，B_1含量达8.9mg/kg，B_2含量达3.5 mg/kg，但维生素A、维生素D含量少。

E.矿物质含量丰富，但钙(0.13%)磷(1.18%)比例极不平衡，钙磷比为1:8以上，磷多属植酸磷，约占75%，但含植酸酶，因此用这些饲料时要注意补钙。

②麸皮的饲用价值。

A.麸皮的质地疏松，含有适量的硫酸盐类，有助于胃肠蠕动和通便润肠，有轻泻作用，可防止便秘。是母牛妊娠后期和哺乳母牛的良好饲料。

B.麸皮容积大，纤维含量高，适口性好，是肉牛的优良饲料原料。可提高育肥牛的胴体品质，产生白色硬体脂，一般使用量不应超过15%。

(3)豆粕：是大豆经过提取豆油后得到的一种副产品，一般呈不规则碎片状，颜色为浅黄色至浅褐色，味道具有烤大豆香味，其主要成分为：蛋白质、赖氨酸、色氨酸、蛋氨酸。粗蛋白含量高，一般在 40%~50% 之间,必需氨基酸含量高,组成合理。赖氨酸含量在饼粕类中最高,为 2.4%~2.8%。赖氨酸与精氨酸比约为 1:1.3 较为适当。育肥牛大豆粕可占精料的 20% 左右。

(4)菜籽粕:菜籽粕是以油菜籽为原料经过取油后的副产物,呈淡灰褐色,粗蛋白含量在 34%~38% 之间,蛋氨酸和赖氨酸含量高,钙、磷、硒和锰含量均高,但含有硫葡萄糖苷、芥酸、单宁、植酸等抗营养成分,肉牛日粮应控制在 15% 以下或日喂量 1~1.5kg。犊牛和怀孕母牛最好不喂。经去毒处理后可保证饲喂安全。

(5)棉籽粕:粗蛋白占 40%~44%,赖氨酸和蛋氨酸含量均较低,分别为 1.48% 和 0.54%,精氨酸含量过高,达 3.6%~3.8%。在牛饲粮中使用棉籽饼粕要与含精氨酸少的饲料配伍,可与菜籽粕搭配食用。因含游离棉酚,牛如果摄取过量或食用时间过长,可导致中毒。在犊牛日粮中一定要限制用量,同时注意补充维生素和微量元素。棉籽粕在瘤胃内降解速度较慢,是肉牛良好的蛋白质饲料来源。

(6)玉米酒糟蛋白(DDGS):粗蛋白占 26%~32%,国内外饲料生产企业广泛应用的一种新型蛋白饲料原料,酒精糟气味芳香,是牛良好的饲料。在牛精料中添加可以调节饲料的适口性。既可作能量饲料,也可作蛋白质饲料,在牛精料中用量应在 50% 以内。

(7)酒糟:富含粗蛋白、B 族维生素、钾、磷酸盐,但含钙少,且有酒精残留,因此必须与粗饲料和配合饲料搭配使用,且不宜饲喂怀孕牛。鲜糟日用量不超过 10~15kg,干糟不超过精料的 30% 为宜。

(8)磷酸氢钙:既含钙又含磷,消化利用率较高,且价格适中。在牛日粮中出现钙和磷同时不足的情况时,多以这类饲料补给。

(9)小苏打:即碳酸氢钠,作用机理是作为电解质的离子平衡以及酸碱平衡的生理作用。对维持渗透压、酸碱平衡,水盐代谢具有重要作用;提高机体抵抗力及免疫力;能中和胃酸,溶解黏液,降低消化液的黏度,并促进胃肠收缩,有健胃、抑酸和增进食欲的作用,从而提高畜禽对饲料的消化力,加速营养物质的利用;同时还是血液和组织中的主要缓冲物质,可以提高血液 pH 值及碱储备,有助于畜禽内分泌系统抵抗应激反应。

(10)舔砖:含食盐、糖蜜、钙、磷、铁、铜、锰、锌、钴、碘、硒、镁等多种微量元素。功效:矿物质是体组织和体液中不可缺少的重要组织成分,家畜体内缺乏矿物质微量元素时,就会食欲减退、消化不良、生长停滞、消瘦、增长速度减慢、产生异食癖(吃塑料、舔牛毛、舔砖块、舔栏杆、舔尿等)。犊牛易发生佝偻病、骨质松软症,严重时骨骼松软变形;母牛屡配不孕、发情率低、流产死胎、胎衣不下、乳房发育不良、乳腺炎、子宫炎、产后缺乳、产后瘫痪、营养性贫血、毛皮粗糙、质差色暗、白肌病、腐蹄病、酮血病等多种疾病。

3.肉牛需要哪些常量元素?

矿物质是肉牛健康生长发育、繁殖和生产不可或缺的营养物质。常量元素主要有钙、磷、钠、氯、钾、硫、镁等。

(1)钙和磷:钙和磷在肉牛的体内分布最广,主要存于骨骼和牙齿中,是骨骼和牙齿的重要组成部分,在软组织、体液以及血液中也有少量存在。其中血液中的钙参与凝血过程,可以调节神经的兴奋性;磷是维持血液正常反应的缓冲剂,参与肉牛体内能量、脂肪的代谢等。如果饲喂肉牛的日粮中缺乏钙、磷,或者比例失调时会导致犊牛出现佝偻病,使肉牛生长缓慢,成年牛易患软骨症或骨质疏松症,容易骨折。母牛在分娩前后还会因为缺钙出现乳热症。当肉牛体内缺磷时,表现为食欲不振,关节僵硬,生长缓慢,繁殖障碍等。因此,在饲喂肉牛时要注意钙、磷的补充,并且在补充时要注意钙、磷的比例合理,维生素 D 对钙、磷的吸收起到促进作用,所以应当给肉牛,特别是在犊牛阶段补充维生素 D,可以利于钙、磷的吸收。在钙、磷的供应上要注意避免过量的问题,如钙的摄入过多,会抑制其他类矿物质元素,如磷、镁、锌的吸收,还会使软组织发生钙化。肉牛需要的钙、磷来自于矿物质饲料,通常豆科类干草的含钙量较多,当日粮中的钙、磷不足或比例失调时可以适当添加磷酸氢钙、磷酸钙等进行补充。

(2)钠和氯:钠和氯分布于肉牛体内的软组织和体液中,对维持肉牛体液的渗透压、调控酸碱平衡及水平衡起到重要的作用。钠和氯的缺乏会导致肉牛的食欲下降、采食量减少、生长发育受阻、减重,皮毛粗糙、繁殖机能降低、饲料利用率低、生产力下降、出现异食症。一般每头牛每天应补给 50g 食盐。

(3)钾:能维持机体正常渗透压,调节酸碱平衡,控制水的代谢,为酶提供有利于发挥作用的环境。缺乏时食欲下降,饲料利用率降低,生长缓慢。钾过量会影响镁的吸收,高钾和高镁共同作用容易引起尿结石。一般肉牛对钾的需要量为日粮干物质的 0.65%。热应激时,钾的需要量增加,约为日粮干物质的 1.2%。最高耐受量为日粮干物质的 3%。粗饲料含钾丰富,只有饲喂高精料日粮的肉牛才需要补充钾,一般采用氯化钾补充。

(4)硫:硫是蛋氨酸、胱氨酸、半胱氨酸及 B 族维生素的重要组成成分,影响牛瘤胃纤维素的消化。硫缺乏,会导致瘤胃微生物合成氨基酸和蛋白质受阻,使肉牛的生长速度下降。可以通过饲喂硫酸钠等含硫化合物来补充肉牛对硫的需求。

(5)镁:镁和钙、磷是形成骨骼和牙齿的重要组成成分之一。镁是多种酶的活化剂,在碳水化合物、蛋白质和脂肪代谢中起重要作用;直接参与酶的组成,调节神经肌肉的兴奋性。缺乏镁,牛表现为生长受阻、过度兴奋、痉挛、厌食、肌肉抽搐,甚至昏迷死亡。

4.肉牛需要哪些微量元素?

微量元素主要有铁、铜、钴、碘、锰、锌、硒等。

(1)铁:铁参与血红蛋白、细胞色素、过氧化物酶等重要化合物的合成,缺乏会引起犊牛的生长受阻,血红蛋白的合成受到影响。铁有预防机体感染疾病的作用。牛缺铁易患贫血症,表现为皮肤和黏膜苍白,食欲减退,生长缓慢,体重下降,抗病力弱,严重时会造成死亡。

(2)铜:铜可促进铁在小肠的吸收,对血红素的形成有催化作用,还是多种酶的组成成分或激活剂。牛缺铜易发生贫血症、骨质疏松、心肌纤维变性等,也可降低繁殖性能。母牛产后尿中出现蛋白、泌乳量下降;毛褪色、粗糙;犊牛生长缓慢、常拉稀、易骨折、关节肿大、僵硬、蹄尖着地、红细胞和血红蛋白下降。此症多由饲料中含铜量不足,或含钼、锌、铁、铅及碳酸钙等过多引起。防治方法将硫酸铜按饲喂食盐量的 0.5%混合,让牛舔食,隔数日 1 次。

(3)钴:钴是肉牛瘤胃微生物合成维生素 B_{12} 的重要成分,可以促进红细胞的成熟。钴的缺乏主要表现为维生素 B_{12} 的缺乏,会导致肉牛出现贫血症状,食欲减退,极度消瘦,异食癖,被毛粗糙,生产性能下降,肝脏脂肪变性。

(4)碘:碘是甲状腺素的主要成分之一,参与肉牛体内的基础代谢,可调节细胞的氧化速度,对繁殖、生长、发育、红细胞生成和血液循环等起调控作用。如果体内缺碘会导致甲状腺的分泌受阻,使牛体的甲状腺增生肥大,基础代谢率降低,公牛精液的质量变差,犊牛的生长速度缓慢,骨架矮小;成年牛则会发生黏膜水肿,繁殖机能紊乱;妊娠母牛缺碘可导致胎儿死亡,产死胎或新生胎儿成活率低。长期采食缺碘地区的饲料都会发生碘缺乏。若肉牛缺碘可以用碘化食盐或者碘化钾来进行补充。

(5)锰:锰参与骨骼的形成、性激素和某些酶的合成,对肉牛的生长发育、繁殖及血液的形成有重要的影响。缺锰会导致育肥牛采食量下降,饲料利用率低,生长发育受阻,骨骼形成缺陷,站立行走困难,关节疼痛,不能保持平衡,母牛发情不规则,排卵异常。

(6)锌:一是参与体内酶的组成,调节酶的活性等多种生化作用;二是参与维持上皮细胞和被毛的正常形态、生长和健康;三是维持激素的正常作用。缺锌时,育肥牛生长缓慢,采食量下降,食欲差;母牛繁殖机能受损(胚胎畸形或死胎),软组织形成受阻,骨骼发育不良,鼻黏膜和口腔黏膜发炎,皮肤变厚,被毛粗糙,肢蹄肿胀;犊牛表现后腿弯曲,关节僵直。锌过量影响铁、铜的吸收,植酸和钙过量影响锌的吸收。饲料中含锌丰富,一般不会缺乏。肉牛日粮中锌的需要量为 30mg/kg,对锌的耐受力为 500 mg/kg。日粮中补锌能提高肉牛的日增重和饲料效率。肉牛缺锌时,常用硫酸锌或碳酸锌 0.02% 补充,严重者可每千克体重注射硫酸锌 2~4mL。

(7)硒:硒是肉牛生长和繁殖所必需的微量元素。如果肉牛缺硒会导致其生产力低下,母牛的繁殖力下降,还会导致母牛在产后的胎盘滞留。同时硒是谷胱甘肽过氧化酶的主要成分,可以通过谷胱甘肽过氧化酶起抗氧化作用,从而起到保护体细胞的作用。日粮中缺硒会导致犊牛发生白肌病,引发骨骼肌和心肌变性,出现生长缓慢,消瘦,造成母牛不育或死胎。防治方法是用 0.9% 亚硒酸钠注射治疗,犊牛每次每头 5~10mL 肌肉注射,成年牛用量酌加,每 10~

20天重复1次,效果明显。

5.肉牛需要哪些维生素?

(1)维生素A:它能保持各种器官系统的黏膜上皮组织的健康及其正常生理机能,维持牛的正常视力与繁殖机能。缺乏会引起一系列的黏膜上皮组织抵抗能力减弱的疾病和妊娠方面的疾病,如流产、死胎等。在下述情况下应该补充维生素A:①饲草以秸秆、稻草等低质粗饲料为主;②干草霜后收获;③单纯饲喂玉米青贮、精料中玉米等比例很低;④初乳与常乳喂量不足,早期断奶的犊牛,自行配制的人工乳;⑤在热应激中、运输时补充是十分必要的,一般补充0.5~1.0倍;⑥处于妊娠后期的母牛,免疫活性降低,免疫系统对维生素A需要量增大。

(2)维生素D:它的主要功能是调整钙与磷的吸收、代谢,骨骼的生长发育。缺乏维生素D时引起犊牛的佝偻症和成年母牛的软骨症、跛足病和骨折。一般犊牛与生长牛的需要量以每100kg体重660国际单位,泌乳牛每千克体重30国际单位。母牛怀孕后期从产犊前半个月开始注射维生素A、维生素D、维生素E混合制剂对预防产后疾病作用明显。

(3)维生素E:它主要是作为脂溶性细胞的抗氧化剂,保护膜尤其是亚细胞膜的完整性,增强细胞和体液的免疫反应,具有生物抗氧化剂和游离基清除作用。提高抗病力和生殖功能。白肌病是典型的维生素临床缺乏病,繁殖紊乱、产乳热和免疫力下降等问题,也与维生素E存在不同程度的关系。当硒充足时,给妊娠后期母牛添加维生素E,可降低胎衣不下、乳腺感染的发生率。犊牛缺乏时以肌肉营养不良为特征。成年牛从天然饲料中可以获得。若饲料长期贮存其维生素E的含量会随贮存时间的延长而减少。犊牛维生素

E 的需要量,日粮每千克干物质 25~40 国际单位,母牛每千克干物质 15 国际单位。由于影响维生素 E 需要的因素较多,在生产实践中,可根据下列情况调整维生素 E 的添加量。

①当饲喂低质饲草日粮时,维生素 E 的添加量需要提高。

②当日粮中硒的含量较低时,需要添加更多的维生素 E。

③免疫力抑制期(如妊娠后期),需要提高维生素 E 的添加水平。

④当饲料中存在较多的不饱和脂肪酸及亚硝酸盐时, 需要提高维生素 E 的添加水平。

(4)水溶性维生素 B 族

它包括硫胺素、核黄素、吡哆醇、生物素、烟酸、维生素 B_{12}、胆碱等,这些都对生理代谢起着一定作用。但牛的瘤胃微生物是可以合成的。犊牛瘤胃发育正常,维生素 B 族多来自牛奶,因此,饲喂鲜奶时一般 39℃以内为宜。

6.肉牛常用的饲料添加剂有哪些?

(1)预混料(维生素与矿物质):按照肉牛的不同生长发育与生产阶段、生产水平的营养需要,在配制日粮时需要添加一定数量的维生素与矿物质。维生素包括维生素 A、维生素 E、维生素 D_3 等;微量矿物元素常用的化合物有硫酸亚铁、硫酸铜、硫酸锌、硫酸锰、亚硒酸钠、碘化钾、氯化钴等;常量矿物元素的化合物磷酸氢钙、碳酸钙、氧化镁、碳酸氢钠、食盐等,还有纤维素酶、益生菌、氯化胆碱、抗氧化剂、载体(麦饭石)等。肉牛预混料,由于需要特殊的工艺加工和混合,一般养牛场(户)自行配制难度较大。建议购买证照齐全的饲料厂家生产的预混料,且随用随购,在有效期内使用,不宜长期贮存。

(2)瘤胃缓冲剂。在精饲料比例高、酸性青贮饲料和糟渣类饲料用量大等情况下,肉牛的瘤胃 pH 容易降低,导致微生物生长受到抑制,添加瘤胃缓冲剂可以使瘤胃保持更利于微生物发酵的内环境,使肉牛的生产与健康正常。常用的缓冲剂是小苏打,一般添加量占干物质采食量的 1%~1.5%。

(3)生物活性制剂:包括饲用纤维素酶制剂、酵母培养物、活菌制剂等。

①饲用纤维素酶制剂:主要来自真菌、细菌和放线菌等。瘤胃微生物能分泌充足的纤维降解酶,以消化饲料中的纤维素成分。

②酵母培养物:包括活酵母细胞和用于培养酵母的培养基在内的混合物。酵母培养物经干燥后,有益于保存酵母的发酵活性。另外,酵母产品也可以来源于啤酒或白酒酵母。米曲霉和酿酒酵母是目前国内外制备酵母培养物的常用菌种。在肉牛饲料中添加酵母培养物,具有提高日粮利用率和生产水平的功能与作用。

③活菌制剂:可以直接饲喂的微生物,是一类能够维持动物胃肠道微生物区系平衡的活微生物制剂。一般可作为活菌制剂的微生物主要有芽孢杆菌、双歧杆菌、链球菌、拟杆菌、乳杆菌、消化球菌和其他一些微生物菌种。活菌制剂的剂型包括粉剂、丸剂、膏剂和液体等。活菌制剂在肉牛生产中的应用效果主要是减少应激和增强抗病能力。

(4)脲酶抑制剂:牛体内循环到达瘤胃的尿素和日粮外源添加的尿素,首先在脲酶的作用下水解为氨,然后供微生物合成蛋白时利用。由于尿素分解的速度很快,而微生物利用的速度较慢,导致尿素分解产生的氨利用率低。脲酶抑制剂可以适度抑制瘤胃脲酶的活性,从而减缓尿素释放氨的速度,使氨的产生与利用更加协调,改善微生物蛋白合成的效率。目前,我国批准使用的反刍动物专用脲酶抑制剂为乙酰氧肟酸。在肉牛日粮中的添加量为 25~30mg/kg（按干物质计），可以使瘤胃微生物蛋白的合成效率提高 15% 以上。在添加非蛋白氮的日粮中,添加脲酶抑制剂,效果更好。

（5）异位酸:包括异丁酸、异戊酸和 2-甲基丁酸等,为瘤胃纤维素分解菌生长所必需。瘤胃发酵过程产生的异位酸量可能不足。所以,在肉牛日粮中添加异位酸能提高瘤胃中包括纤维分解菌在内的微生物数量,改善氮沉积量,提高纤维消化率,从而提高肉牛的生产水平。

（6）蛋氨酸锌:是蛋氨酸和锌的络合物,它具有抵制瘤胃微生物降解的作用。在肉牛日粮中添加蛋氨酸锌能够提高肉牛的健康状况和生产水平,还具有减少蹄病的作用。蛋氨酸锌的添加量,一般每头每天 5~10g,或占日粮干物质的 0.03%~0.08%。

（7）离子载体:莫能菌素是改变瘤胃发酵类型的常用离子载体,应用于肉牛,可以提高日增重和饲料转化率。莫能霉素可以提高增重 6%~14%,而对繁殖性能、产犊过程和犊牛初生重等无任何不良影响。

7. 肉牛全混合日粮（TMR）是什么？

肉牛全混合日粮是将肉牛全部要采食的粗料、精料、矿物质、维生素和其他添加剂,使用专门的全混合日粮（TMR）加工机械或人工掺拌方法充分混合, 配制成精粗比例稳定和营养浓度一致的全价饲料,供肉牛自由采食的一种营养平衡日粮。全混合日粮是现代肉牛养殖发展起来的一种新型技术。应用这项技术,可以明显地提高饲料转化率,平均日增重要提高 10% 以上。

8.如何制作全混合日粮(TMR)?

(1)人工制作

①先用铡草机将秸秆、干草铡成 2~3cm 长度。

②再按青贮、干草、糟渣类和精料补充料顺序分层均匀地在地上摊开,使用铁锹等工具将摊在地上的饲料向一侧对翻,直至混匀为止。

③在搅拌过程中加入适量的水,水的含量为 40%~45% 为宜。

(2)机械制作

①一般按"先干后湿、先轻后重、先粗后精"的顺序投料。

②卧式 TMR 搅拌车的原料填装顺序为:精料、干草、青贮料、糟渣类;立式 TMR 搅拌车的原料填装顺序为:干草、青贮料、糟渣类、精料。

③将原料混合,边投料边搅拌,在最后一批料加完后的 4~8min 完成,原则上是确保搅拌后 TMR 中有 15%~20% 的粗饲料长度大于 4cm 为宜。加料过程中要防止石块、铁器包装绳之类的物件混入搅拌机。

9.如何饲喂全混合日粮(TMR)?

(1)每日分早晚饲喂 2 次,按日喂量的 50% 分早晚投喂,也可以按照早 60%,晚 40% 的比例投喂。

(2)使用移动式搅拌车将 TMR 直接投喂给牛群,或使用农用车,把制作的 TMR 拉运至牛舍饲喂。

(3)需要注意:牛舍建设要适合全混合日粮车操作;饲料原料要多样化,每天要准确称量各种新鲜原料,要严格按配方进行加工;控制日粮适宜的含水量;根据牛不同年龄、体重进行合理分群。

10.肉牛使用全混合日粮的优点是什么?

(1)保证营养均衡:TMR 是按照日粮中规定的比例完全混合的,

能够有效保证日粮的营养均衡性,避免微量元素、维生素的缺乏和中毒现象。TMR 饲喂方式与传统的饲喂方式相比,饲料利用率明显增加。

(2)可以合理分群:TMR 按照生产性能和生理阶段进行分群饲养,能够根据生理状况和生长阶段的营养需求来配制日粮配方,促使肉牛的营养摄入量与需求量相平衡, 保证了肉牛的生产性能得到充分发挥。

(3)降低代谢病的发生:TMR 是针对反刍动物特殊消化生理结构和特点设计的。 由于肉牛的采食量较大、采食速度快,大量的饲料未经充分咀嚼就吞咽进入瘤胃,经瘤胃浸泡和软化一段时间后,食物经逆呕重新回到口腔,经过再咀嚼,再混入唾液并再吞咽后进入瘤胃,这个过程需要较长的时间。若采用 TMR 饲喂方式,精粗饲料充分混匀,瘤胃 pH 波动较小,蛋白质饲料和碳水化合物饲料发酵同步,提高了微生物合成菌体蛋白的效率和饲料的利用率,就减少了瘤胃内环境失衡、消化机能紊乱和营养代谢病的发生。

(4)提高劳动效率:TMR 加工和饲喂过程全部实现机械化,使饲喂管理省工、省时,还可以简化劳动程序,能大幅度提高劳动效率,同时减少饲养的随意性,使得饲养管理更精确,有利于推动肉牛养殖业向规模化、产业化方向发展。

(5)减少饲料的浪费:在精粗分饲时,一些牛由于喜欢精料,对粗料的采食量达不到正常要求,不但造成营养摄入不均衡,而且会浪费很多饲料。使用 TMR 后,牛无法再将精粗饲料分开,只能一同采食,因此减少了因挑食造成的浪费。

(6)降低饲料成本:TMR 饲喂方式有利于开发和利用更多廉价的饲料资源。采用 TMR 饲养技术,可扩大和利用原来单独饲喂适口性差、消化率低的饲料,也可使很多难以利用的农业副产品得到有效的开发和利用,从而降低日粮成本,增加肉牛养殖的经济效益。

11.饲喂新玉米应注意的问题有哪些?

新玉米的价格相对于陈玉米便宜且采购方便。但是牛在使用新玉米一段时间后,会出现腹泻、中毒等现象,导致饲料报酬普遍偏高。新玉米品质包括抗性淀粉、不完善粒、产地影响、玉米水分、新玉米霉菌毒素等因素。

(1)抗性淀粉

抗性淀粉分为 4 个类型,分别是 RS1,RS2,RS3 和 RS4 型。其中,在新玉米中抗性淀粉中 RS1 和 RS2 型含量高。RS1 型是物理包埋淀粉,因细胞壁的屏障或蛋白质的隔离作用而不被淀粉酶接近,粉碎的玉米原料中仍然存在完成的胚乳细胞,通过大肠进入小肠很难被消化利用,RS2 型指天然具有抗性消化性的淀粉颗粒。因此反刍动物采食新玉米后,会导致反刍动物出现不同程度软便、拉稀等症状,给养殖户造成经济损失。

(2)不完善粒

生霉的玉米粒是不完善粒的一种。多数养殖户认为玉米霉变只发生在玉米贮存过程中,但实际上玉米等谷物在采收前后约有 25%已受到霉菌的污染。霉菌的潜在性及霉菌毒素的存在使饲料的品控的难度加强,所以在饲料中添加霉菌毒素吸附剂外,还要高度重视霉菌污染的问题,在选购玉米时,加大监控力度,生霉粒控制在1%。不完善粒除了生霉粒外,还包括热损伤粒、生芽、病斑、破损及虫蚀和杂质。新玉米本身的呼吸强度大,不完善粒的存在使短期贮藏发热霉变得风险很大,同时还会降低饲用价值,所以收购时应加强监控。

（3）产地的影响

不同产地的玉米质量如营养价值、水分等是有差异的，这可能与当地的自然气候不同有关，因此，不同产地的玉米使用时应合理过渡。

（4）玉米的水分

新收获的玉米水分在华北地区一般为15%~20%，在华北地区一般为20%~30%。新玉米晾干以后水分大多在17%。粮食水分超标不是引起拉稀的原因，只会引起采食量上升，饮水减少。当水分含量较高时，会降低玉米中维生素的活性，导致日粮中所含的营养物质无法维持平衡，能量降低，进而提高了动物的采食量，降低饲料转化率。所以，最好选择通过收购合格品质的玉米来解决，或者根据水分差异的影响，调整日粮营养水平。

（5）新玉米的霉菌毒素

①玉米赤霉烯酮：主要作用于生殖系统，使牛产生雌性激素亢进症，可造成怀孕的牛流产、死胎和畸胎。中毒时，烦躁不安，全身肌肉震颤，突然死亡；呆立，排灰褐色水样粪便，具有恶臭味，50%的母畜还会出现频发情和假发情的情况，育肥牛会出现食欲不振，掉膘严重和生长不良的情况。

②呕吐毒素：引起人和动物呕吐、腹泻、拒绝采食、神经紊乱、流产、死胎等，最显著的特点是，引起动物呕吐。一般，反刍动物对呕吐毒素具有很强的耐受性，在健康反刍动物，呕吐毒素很快被瘤胃内微生物转化为毒性很低的物质，不会产生负面影响，只有在极高的浓度条件下才产生影响。

③T-2毒素：反刍动物对T-2毒素敏感，但是耐受性较强，因

为有瘤胃微生物的降解,因此中毒较轻。急性病例表现精神沉郁,被毛粗乱,反应迟钝,共济失调。病畜食欲、反刍大减或废绝,胃肠蠕动减弱或消失,腹泻,粪便中混有黏膜、伪膜和血液。

④烟曲霉毒素:玉米中包含最低的烟曲霉毒素,被动物食用后,主要针对呼吸道、肺脏进行侵害,常见症状表现为呼吸困难,引起肺部病变及组织坏死;严重者痉挛、麻痹最终死亡,发病率为50%,还会导致母畜流产,破坏自身免疫机能。

新玉米正确使用建议

(1)部分使用:将陈玉米与部分新玉米混合使用,逐渐增加新玉米的添加比例,过渡半个月,以减少抗性淀粉的影响。新玉米配的饲料水分较高,不宜久存,最好随配随喂。

(2)筛选风选:新玉米过筛与过风,可以有效减少破碎粒及杂质在玉米中的含量,从而减少霉菌毒素对动物的危害,适口性也可以得到改善。

(3)适度陈化:新玉米需要入库储存5~6周,经过后熟化以后再使用。

(4)添加除霉脱毒添加剂。

12.麦麸在养牛中有何妙用?

(1)治疗各种便秘:麦麸粗纤维含量较高可促进胃肠蠕动,另外还具有一定缓泻的作用。当牛发生便秘时,适当提高饲料中麦麸含量或饮喂麦麸汤,便可以起到轻泻的作用。特别是分娩前后的母牛,饲喂麦麸效果最佳。

(2)清理犊牛身上的黏液:犊牛出生后饲养人员应及时清理掉口鼻中黏液,避免发生窒息。对于身上的黏液最好让母牛舔干,气温过低或母牛不舔犊牛的情况下则需要擦干。采用毛巾擦,一是比较麻烦不易擦干,二是毛巾不干净容易沾染异味,母牛拒绝哺乳。最好的办法则是用麦麸进行搓干,铺一块洁净的编织袋让犊牛站在上面,不断往犊牛身上洒麦麸反复搓。麦麸会将犊牛身上的黏液吸走,犊牛身上很快便会变干净。

(3)预防胎衣不下:犊牛身上的黏液含有一定激素物质,可促进母牛胎衣排出。给母牛饲喂带有黏液的麦麸,可有效预防胎衣不下。

13.为什么牛饲料中必须要加食盐?

(1)食盐化学成分为氯化钠,它是肉牛饲料中重要的矿物质,是维持生命活动必不可少的物质。

(2)钠能维持血液和组织液的酸碱平衡,调节正常渗透压的稳定,还能刺激唾液的分泌,促进食欲和消化,提高饲料利用率的作用。

(3)钠能促使脂肪和蛋白质等有机物在代谢过程中的合成。

(4)缺盐严重时,牛会发生食欲不振,消化障碍,发育不良或体重下降,形成异食癖,影响牛的健康。

(5)母牛不吃或少吃盐,出现消瘦,精神状态不佳,被毛蓬乱,奶水就会减少,直接影响犊牛的生长发育。

(6)在肠道中保持消化液呈碱性,能活化淀粉酶,并能保持胃液呈酸性,有杀菌作用。

14.牛食盐中毒病因、症状和治疗、预防方法有哪些?

(1)病因

①缺乏营养知识,给牛加喂食盐时凭自己感觉随意添加,导致中毒。

②长期缺盐,牛突然加喂食盐,又未加限制,造成牛大量采食而中毒。

③饮水不足。

（2）症状

病牛精神萎靡，头耷耳低，鼻镜干燥，眼窝下陷，结膜潮红，肌肉震颤；食欲不振，渴欲增强，腹泻，有的患牛粪中有暗红色的凝血块。脉搏 85~102 次/min，体温 37.8~38.9℃，呼吸 31~41 次/min。患牛尿液减少，偶尔排出淡黄色的少量尿液；瘤胃蠕动减弱，蠕动次数减少乃至废绝；心动过速，收缩力量减弱，肺呼吸音粗呖；死亡剖检除可见血液黏稠、皮下组织干燥外，未见其他异常。

（3）治疗

①25%肠硫酸镁注射液 120ml，10%葡萄糖酸钙注射液 500ml，用法：一次静脉注射，也可用澳化钙、澳化钾镇静。重症配合强心补液。

②麻油 750ml 用法：一次胃管投服。拮抗钠离子：采用 10%葡萄糖酸钙 500~800mL，1 次静脉注射，每日 1 次；强心：采用 20%安钠咖 20~30mL，1 次肌肉注射，每日 2 次；补液利尿：采用 5%葡萄糖 1 000~2 000mL，速尿 20mL，1 次静脉注射，每日 1 次；解痉采用 25%硫酸镁 40mL，1 次肌肉注射，每日 1 次，直至症状解除为止；整肠健胃采用健胃散 500g，95%酒精 250mL，温水 2 000mL 混合，1 次灌服。

（4）预防

①保证充分的饮水，特别对哺乳期的母牛更要充分供给。

②牛对盐的敏感性高，在补饲食盐时，应先从少量再到足量进行饲喂。

③对于补饲食盐的牛群，可设立盐槽让其自由采食，牛只可按需采食。

④对于临产母牛和哺乳期母牛，饲喂时应限制食盐的用量，避

免引起乳房水肿。

15.肉牛使用的舔砖需要注意什么?

(1)舔砖的硬度必须适中,以便使牛的舔食量在安全有效的范围之内。若舔食量过大,就需增大黏合剂的添加比例;若舔食量过小,就需增加填充物并减少黏合剂的用量。

(2)每天舔食量的标准,因舔砖原料及其配比的不同略有差异,主要以牛实际食入的尿素量为标准加以换算。一般成年牛、青年牛每天进食的尿素量分别为 80~110g、70~90g。

(3)使用舔砖的初期最好在上面撒少量的食盐、玉米面或麦麸,以诱导牛舔食,一般经过 5 天左右的训练即可。

(4)保持舔砖清洁,避免被粪便玷污。防止舔砖破碎成小块,使牛一次食入量过多,引起中毒。

肉牛专用

16.小苏打在养牛中有何妙用?

(1)中和胃酸:养牛过程中饲喂大量青贮、酒糟等酸性较大的饲料,以及大量的精料,会造成牛胃酸过多,就要进行酸碱中和。按照精饲料喂量的 0.75%~1.0%添加。牛胃酸过多时反刍会有泡沫,另外牛嗳气较重,反刍次数减少,采食量减少。

（2）降温：小苏打在牛消化道中分解释放出二氧化碳，从而带走大量热量，起到给牛体降温的效果。

（3）清洗食槽、水槽：用小苏打对牛槽进行清洗，既可以快速清洗掉上面的污物、异味以及细菌，小苏打残留还不会对牛产生影响。夏天牛舍内气温较大，不妨喷洒一些小苏打，既能清除异味，还能起到降温的作用。

17.啤酒糟和白酒糟有何区别？

（1）啤酒糟：是麦芽原料加水，经糖化工艺后，直接压榨过滤剩下的糟，残留了大量的麦芽糖和葡萄糖。粗蛋白达 25%左右，也含有能量物质，是饲喂肉牛的好饲料，但要注意保存好，因糖分含量高，容易滋生大肠杆菌这类有害细菌，极易变质，或通过发酵处理保存，如粗饲料降解剂发酵处理不仅可提高营养价值，而且可以长期保存，但必须密封压实保存。

（2）白酒糟：是谷物类（高粱、玉米、大麦等）发酵并经蒸馏白酒后剩下的糟，残留了大量的杂醇、醛类等，特别是对于繁殖母牛的繁殖性能影响很大，未经处理的酒糟喂怀孕母牛易引起母牛流产、产弱仔或死胎。

18.饲喂啤酒糟有哪些注意事项？

啤酒糟是酿酒的下脚料，其粗蛋白质含量高。同时还含有多种微量元素、维生素、酵母菌等，其中赖氨酸、蛋氨酸和色氨酸含量也较高，适口性好，易消化，可用于饲喂肉牛。但在饲喂时要注意以下几点。

（1）应掌握适宜的喂量：刚开始给牛喂酒糟时要经过 15~25 天过渡，应逐渐增加，让牛适应后再定量喂给。育肥牛每天饲喂量一般 8~10kg。

（2）尽量饲喂新鲜啤酒糟：啤酒糟含水量大，变质快，要无霉变、无泥沙、无金属异物、无冰冻，因此饲喂时一定要保证新鲜，夏季啤酒糟应当天喂完，以免酸败，另外不能堆放过厚，谨防腐败变质，若堆放时间过长，容易滋生有害杂菌，产生氨味和甲酚、吲哚、3-甲基吲哚等，如果继续饲用，将会产生不良的后果。

（3）注意保持营养平衡：啤酒糟粗蛋白含量虽然丰富，但钙、磷含量低且比例不合适，维生素缺乏，因此饲喂时应提高日粮精料的营养浓度，注意补钙，磷酸氢钙占日粮精料的 1%~1.5%。不宜把啤酒糟作为日粮的唯一饲料，应和精料、粗料、青贮饲料等搭配，并在日粮中添加碳酸氢钠中和酸性，若长期饲喂，需在日粮中每日每头要补充维生素 A 5 万~10 万国际单位和维生素 D。一般，饲喂鲜酒糟不超过肉牛日粮的 10%，干酒糟喂量不超过 7%。

（4）保证纤维的含量：用啤酒糟饲料饲喂肉牛时，要保证日粮中有效纤维的含量，否则会影响牛的反刍，导致瘤胃酸中毒和瘤胃弛缓，使消化功能紊乱。日粮中要搭配些干草或秸秆，保证有 13% 的有效纤维。

（5）饲喂不当的副作用：啤酒糟饲喂种公牛容易造成精液品质下降；饲喂繁殖母牛容易造成流产，胎衣不下，影响发情；饲喂哺乳母牛加剧营养负平衡和延迟生殖系统的恢复；饲喂犊牛容易造成失明。

（6）中毒后及时处理：饲喂啤酒糟出现慢性中毒时，要立即减少喂量并及时对症治疗，尤其对育肥过程中发现牛体出现湿疹、膝部及球关节红肿与腹部膨胀等症状，应暂停酒糟的饲喂，适当调整饲料和增加瘤胃缓冲剂以及干草的给量，以调整牛的消化机能。

（7）合理保存：啤酒糟一定要合理存放以免出现霉变，可以晾干后存放，也可以密封后存放。

19.如何发酵酒糟?

(1)准备物料:酒糟 50%左右、玉米粉 30%左右,麸皮或米糠占 20%左右,饲料发酵剂(活菌)0.5%~1%。

(2)稀释菌种:饲料发酵剂用适量水稀释,混合均匀后备用;

(3)混合物料:将备好的酒糟、玉米粉、麸皮及预先稀释好的饲料发酵剂混合在一起,一定要搅拌均匀。如果发酵的物料比较多,可以先将稀释好的饲料发酵剂与部分物料混匀,然后再撒入到发酵的物料中,目的是为了做到物料和发酵剂混合更均匀。

(4)水分要求:配好的物料含水量控制在 40%~50%,判断办法:手抓一把物料能成团,指缝见水不滴水,落地即散为宜,水多不易升温,水少不易发酵;加水时,注意先少加,如水分不够,再补加到合适为止;若发酵料水分含量太高,可加入玉米粉或者麦麸。

(5)密封要求:发酵物料可装入筒、缸、窖(池)、塑料袋等容器中,物料发酵过程中应完全密封,但不能将物料压得太紧。

(6)发酵完全:在自然气温(温度最好是在 15℃以上为好)下密封发酵 3 天左右,有酒香味时说明发酵完成。

20. 酒糟发酵注意事项有哪些?

(1)保证品质:不能使用霉烂变质的酒糟。

(2)合理贮存:发酵好的酒糟饲料要想长期保存,密封一定要严格。密封保存期间,发酵剂对酒糟的降解仍继续,时间越长,质量更好,营养更佳,成品可另行采用小袋密封保存或晾干脱水、低温烘干等方式保存。

(3)搭配饲喂:酿酒时由于淀粉大部分已变成酒被提取出去,酒糟中无氮浸出物含量较低,加之酒精中的粗蛋白质活性差,缺乏维生素 D 和钙含量低,所以用酒糟喂牛,一定要补充其他粗饲料、精料、矿物质等。

（4）用量适当：发酵酒糟的饲喂量由少到多，逐渐增加，不宜超过60%。推荐的精料配方是：玉米38%，麦麸25%，酒糟20%，菜籽饼10%，磷酸氢钙1.5%，食盐0.5%，预混料5%，断奶犊牛每天饲喂2~3kg，育肥牛饲喂4~5kg，每日喂2~3次。

21.发酵酒糟养牛有哪些好处？

（1）提高适口性，杀菌脱毒：不经发酵处理的酒糟，饲喂不当易引起中毒，发酵剂中所含微生物、益生菌自身生命活动及其代谢产物，使酒糟内所含有毒、有害物质被降解而脱除，从而大大提高了饲料的安全性，发酵后的酒糟色泽鲜亮，气味清香，口感极佳，牛喜欢吃，提高采食量。

（2）降低养殖成本：经发酵后的酒糟部分转化成了菌体蛋白饲料，用此发酵物料配制全价料，可减少蛋白质饲料的用量，从而大大降低饲养成本。

（3）提高饲料利用率。发酵剂中功能强大的微生物菌群能破坏酒糟坚韧的植物细胞壁，将纤维素、果胶质等难以降解的"大分子"物质转化为"小分子"物质，如单糖、氨基酸、脂肪酸等，并生成多种有机酸、维生素、生物酶及其他多种促生长因子，大大提高了酒糟的营养水平和消化利用率。

（4）提高抵抗力：发酵剂中所含的微生物益生菌，直接参与动物肠道的屏障作用，补充动物肠道内有益微生物的种群与数量，形成"有益菌环境"，阻止病原微生物的生长繁殖，改善肠道内的微生态平衡，从而提高免疫力、抗病能力。

22.使用豆饼（粕）作饲料有哪些注意事项？

豆饼（粕）是大豆（主要是黄豆和黑豆）榨油后的副产品，在各种植物饲料中营养价值最高。粗蛋白质含量在40%以上,蛋白质的生物学价值高于任何一种饼类饲料。其中家畜所必需的赖氨酸含量达2.5%~3%,比玉米高10倍。尽管豆饼的营养价值很高,若不能科学地合理使用,就不能发挥出营养价值高的作用。因此,用豆饼(粕)作饲料时必须严格注意五忌。

(1)忌用量过多:豆饼(粕)是犊牛、种公牛和怀孕及哺乳母牛的优质蛋白饲料,各种家畜都非常喜欢吃。但用量不要过多,育肥牛不可多喂,否则将使脂肪变软,影响肉的品质。在哺乳母牛的日粮中,一般每天可喂3.5~4.0kg,能促进产奶。

(2)忌单独使用:豆饼(粕)含有畜禽所必需蛋氨酸,含量较高,一般含量为0.5%~0.7%,可用棉籽饼、苜蓿草等代替一部分豆饼,就可以使其必需的氨基酸得到平衡。因此尽管豆饼(粕)粗蛋白的品质较好,也不应单独作蛋白质饲料使用。由于豆饼(粕)中还缺少维生素D与胡萝卜素,铁、钙、磷的含量也不丰富,所以用豆饼(粕)饲喂肉牛都应注意维生素A、维生素D与钙、磷等营养成分的补充。

(3)忌生喂:生豆饼,特别是豆粕(溶剂浸提油后的副产品)中含有一些有害物质,如抗胰蛋白酶、脲酶、血球凝集素、皂角苷、致甲状腺肿因子等,其中以抗胰蛋白酶影响最大。这些有害物质都不耐热,因此,一定要炒熟或加热才能提高其营养价值。一般以加热到100~110℃为宜。

(4)忌发霉变质:由于豆饼(粕)中含脂肪较多(5%左右),易发霉变质,失去饲用价值。因此豆饼(粕)应贮存在干燥、通风、避光的地方,以防酸败或苦化,降低适口性。同时要防止霉菌的繁殖,避免有害物质(如黄曲霉毒素)对肉牛的毒害,已发生霉变的不能饲喂,以防中毒。

（5）忌粒度过小：豆饼（粕）应保持适当的粒度，粒度过小则会使其在牛的瘤胃中产生大量的氨气，严重时会导致牛的氨中毒。粒度过大又会使其消化不完全，从而降低其饲喂价值。

23.饲喂豆腐渣有何缺点？

在所有的糟渣资源中，豆腐渣是营养价值最好的糟渣之一，其蛋白品质好，消化吸收率高，粗蛋白含量 24%（干物质基础）左右，粗纤维含量 6%左右，富含氨基酸，特别是赖氨酸含量丰富，但有以下缺点。

（1）含有抗营养因子：最主要的三种抗营养因子，即胰蛋白酶抑制素、致甲状腺肿素、凝血素，其中胰蛋白酶抑制因子，它能阻碍动物体内胰蛋白酶对豆类蛋白质的消化吸收，造成腹泻，影响生长，因此必须煮熟后再喂，否则易引起肉牛拉稀。豆腐渣缺乏维生素和矿物质，因此应与精饲料、粗饲料及矿物质合理搭配，且用量不超过饲料总量的 30%。发霉变质的豆腐渣绝对不能饲喂。

（2）豆腐渣虽然蛋白质含量高，但动物可利用的能量却很少：豆腐渣消化能约 2.05 Mcal/kg（或 8.58 MJ/kg），但这些消化能是指存在于豆腐渣蛋白碳骨架中的消化能，是不能或很难利用的。其利用效率远远低于玉米等能量饲料中的淀粉能量，甚至造成对肉牛的伤害（伤肝伤脾），大量使用豆腐渣造成日粮的能量蛋白不平衡，蛋白过高，能量过低，大量过剩的蛋白进入后肠，脱氨分解，造成后肠 pH 上升，大肠杆菌滋生，肠毒素增加，内肠细胞脱水稀释毒素，最终造成蛋白消化不良性腹泻，同时也危害到动物健康水平。所以，喂豆腐渣必须搭配能量饲料饲喂，以平衡营养。

（3）收集的豆腐渣往往容易变质：由于含水量高，极易滋生杂菌甚至有害菌,变质变味,所以,小型养殖户,收集的豆腐渣必须尽快喂完。

24.如何发酵豆腐渣?

(1)配料:豆腐渣 65%~75%,粉碎的稻草或秸秆粉 5%~20%,微生物发酵剂 2%~3%,其余可用玉米粉或米糠,其中玉米粉或米糠和豆渣的比例可根据豆渣水分等实际情况进行适当调整。

(2)混合:将发酵的物料充分拌均匀,再加水拌匀,物料含水率一般控制在 50%~60%之间。其判断办法为:将拌好的物料紧抓一把,指缝见水印但不滴水,松开落地即能散开为适宜。若能挤出水汁,落地不散开,则含水率大于 75%,太干太湿均不利于发酵,应调整。

(3)密封发酵:拌匀后随即装入盆、缸、窖(池)、塑料袋等容器中,用塑料薄膜覆盖好,夏天 30℃以上气温下密封发酵 3 天左右,25℃发酵 7 天左右,20℃发酵 10 天左右,温度越低发酵时间越长,可根据当地实际情况调整发酵时间。待物料有香、甜、酒味时即可饲喂。大规模发酵时可直接堆放在干净的水泥地或发酵池中,加盖塑料薄膜密封发酵即可。发酵配料时,玉米粉越多,酒香味越浓厚,反之玉米粉少,则酸香味比较突出,发酵产物烘干后色泽为深棕黄色或褐色,颜色均匀,并具有发酵豆渣特有的香味。

25.发酵豆腐渣注意事项有哪些?

(1)不能用已经霉烂变质或有异臭味的原料作发酵原材料。如发酵后的物料因保存不当,导致霉烂变或有异味,绝对不能用来饲喂肉牛。

(2)堆放、装池时应密封,但不能压紧。

(3)从容器、袋中或窖(池)中取料饲喂时,应立即密封容器,不能暴露太久,以免造成污染腐败变质。

(4)阴凉干燥处存放,发酵后的物料,如果要长期保存,则要密封严格,并压紧压实处理,尽量排出空气,这样不仅可以长期保存,而且在保存的过程中,降解还要进行,时间较长后,消化吸收率更好,营养更佳,也可晒干后保存。

26.发酵豆腐渣有何好处?

使用生物饲料发酵剂和生物酶分解剂发酵豆渣的好处。

(1)延长保存期:不发酵的豆腐渣最多能存放 3 天,经过发酵后的豆渣一般可存放 1 个月以上,如果能做到严格密封,压紧压实或烘干,则可以保存半年以上,甚至一年。

(2)改善适口性:降低了粗纤维,动物更爱吃食,促进了食欲并增加了消化液的分泌。

(3)丰富了营养成分:可以适当平衡豆腐渣的能量蛋白比例,因为发酵降解了蛋白,提高了蛋白消化吸收率,并产生了小肽等免疫增强物质,蛋白自身的消化率提高,相应减少了对能量的需求,同时,发酵分解了豆腐渣中的非淀粉多糖和纤维素等,产生单糖和低糖,相应增加了可消化能值,粗纤维降低 30%左右,且是一种益生菌的载体,含有大量的有益微生物和乳酸等酸化剂,维生素也大幅度增加,尤其是 B 族维生素成倍增加。

(4)降解了抗营养因子,提高抗病力:发酵后能降解三大抗营养因子,显著增加其消化吸收率,并含大量有益因子提高了抗病性能。

(5)节省了饲料成本,提高经济效益:发酵后可以代替很大一部分蛋白质饲料,节省了饲料成本,并且动物少得病,出栏提前,提高了经济效益。

27.为什么这几种饲料不能生喂?

(1)大豆(黄豆、黑豆):含有 3 种有害物质:一是抗胰蛋白酶,它能抑制蛋白酶催化分解蛋白质;二是植物血球凝集素,能使血细胞减少、血红素含量降低;三是脲酶,会分解蛋白质和尿素生成氨,刺激消化道。这3种有害物质都可用加热、蒸煮、炒熟的办法进行脱毒。

(2)豌豆、蚕豆:生豌豆中含有抗胰蛋白酶和葫芦巴碱等有害物质,前者危害同大豆,后者有损害中枢神经系统的不良作用,这两种物质经加热后即可消除毒害作用。蚕豆中含有抗胰蛋白酶和嘧啶核苷等有害物质,这两种物质经蒸煮后可消除毒害作用。

(3)菜籽饼:未去毒的菜籽饼中含有硫葡萄糖甙和较多的单宁等有害成分,会降低饲料的适口性并引起便秘,肉牛食用后会引起甲状腺肿大,危害肝脏,阻碍其生长发育。可先用温水浸泡后煮沸或粉碎后焙炒,去除毒素。

(4)棉籽饼:未去毒的棉籽饼中含有游离棉酚和环丙烯类脂肪酸等有害物质。棉酚对神经、血管及实质脏器细胞都有毒害,进入消化道可引起胃肠炎。环丙烯类脂肪酸使母牛的卵巢和输卵管萎缩,对母牛的生殖能力危害严重。经粉碎干热或蒸煮1~2h后,能基本脱去毒素(棉酚)。

28.如何防止饲料霉变?

饲料霉变是由霉菌生长繁殖引起的饲料发霉变质过程。饲料含水量超过13.5%~14.0%、空气湿度达到80%~100%、环境温度为23~32℃时,霉菌生长速度最快,饲料非常容易发霉。花生粕和玉米等是最容易发霉的饲料原料,使用时应特别注意观察其是否发霉。防止饲料霉变的主要措施如下。

(1)严格控制饲料加工过程中的水分:饲料原料或配合饲料中水分超标往往是导致饲料发霉的关键因素。饲料作物收割时,应充分干燥,且必须保证干燥一致,不要淋雨;饲料原料置于通风、阴凉干燥处,不要受潮;饲料粉碎后要及时加工处理,以减少霉菌生长的机会;饲料加工后如果散热不充分即装袋、贮存,会因温差导致水分凝结,易引起饲料霉变。一般要求玉米含水量12.5%以下、麦麸在13%以下,凡不符合含水量标准的原料不得入库。

(2)良好的贮存条件:特别应注意观察玉米、麸皮等品质,预防发霉。贮存饲料和原料的仓库应通风、清洁、干燥、阴凉、地势高,定期消毒打扫,温、湿度要尽量降低,防止返潮产生霉变。霉菌是好氧性微生物,氧气是霉菌快速生长繁殖的必要条件。采用有塑料内衬的袋子装饲料,可以在一定程度上断绝好氧性霉菌的氧气来源,抑制霉菌生长繁殖。饲料的堆放应与窗户、墙壁保持一定距离,底部垫有木板架以保证饲料不接触地面,地面保持干燥。

(3)使用饲料防霉剂:饲料中添加防霉剂,能有效地降低饲料pH,抑制霉菌生长和繁殖。同时,还能抑制毒素的产生,防止贮存期间营养成分损失,延长饲料贮存期。理想的防霉剂还具有破坏病原性微生物的作用,但不阻碍消化道中酶类的活动,也不影响消化道中有益的正常菌群活动。不会残留于动物体内器官。目前市场上的防霉剂产品主要有山梨酸及其盐类、苯甲酸及其盐类、丙酸及其盐类和双乙酸钠等。

29.霉变饲料对肉牛有哪些危害?

夏季高温多雨,环境炎热潮湿,有利于各种霉菌的滋生,容易引起饲料发生明显或不明显的霉变。肉牛饲喂霉变饲料的危害。

(1)表现厌食、呕吐、还可以引发慢性腹泻、磨牙、前胃迟缓、瘤胃鼓胀、腹泻、产奶量下降,后期则会出现食欲废绝、反刍停止、呻吟、站立不安、惊恐转圈、盲目徘徊、黄疸、贫血、脱肛、间歇性腹泻及粪便带血等症状。

(2)导致生长速度下降,被毛粗乱且无光泽,日增重下降,饲料报酬下降。

(3)妊娠母牛会引起早产、流产、死胎、产弱犊、返情现象增多、假性妊娠等。

(4)引起免疫功能下降,相当比例的免疫注射效果不佳。

(5)经常发生皮炎、肾病综合征或黏膜和皮肤糜烂脱落、出血形成坏死性病变。

30.霉变饲料去毒有哪些方法?

(1)物理去毒法:主要有控制贮藏环境的温度、密闭隔氧贮藏、气调贮藏、低温通风贮藏以及辐射法等。

①挑除法:挑除法是饲料霉变去除方法中普遍采用的一种。

将即将发霉的颗粒从物料中单独挑出。其实这种方法严格上说是减毒的一种方法,并不能完全去除毒素及其霉菌。只能将部分霉变明显的颗粒除去,对于感染不明显的饲料将很难挑出。只适合颗粒物料、块状的青贮料及秸秆等体积较大的霉变饲料的去毒。

②暴晒法:暴晒法是较为普遍采用的一种去毒方法之一。

将霉变饲料置于阳光下晒制,经一段时间后,放通风处干燥保存。该法有较好的祛除霉菌孢子及其毒素的效果,缺点是强烈的太阳光线也会对饲料中营养物质有破坏,另外,对霉菌体产生的菌丝体无法除去。因此,经该法处理的饲料并没有消除霉变气味,影响适口性。

③连续水洗法:适合于籽实饲料的去毒处理。

此法简单易行,去毒效果好,成本低,费时少。具体操作是将饲料粉碎后,加 3~4 倍水,搅拌、静止、浸泡 30min 左右,这样反复 2~3 次,有毒成分或菌体代谢物因比重小于水而浮于水面,然后就可将其滤去。缺点是费力、费水,不适合大量霉变饲料的除毒。而且,经过处理后的饲料必须短时间内使其降到合适的水分, 一旦晾晒不及时或水分没有控制好,容易被二次污染。

(2)化学去毒法:最常用的是碱处理法。

①石灰水浸泡法: 适用于玉米等籽实类大颗粒霉变饲料的处理。将石灰粉碎成细度在 120 目的粉状,然后加入水中配成浓度在 0.8%~1.2%石灰水。将霉变饲料磨成 2~5mm 的颗粒,和石灰水按一定比例混合,搅拌 15min,静止作用 2~4h,将水倒出,再用清水冲洗 2~3 次,晾干即可。此法除毒率较高,去毒率在 90%以上,缺点是麻烦、用水量大、不适合大量处理。

②氨水去毒法:将氨水拌入霉变饲料中,混匀,置于一密闭容器中,在室内放置 3~7 天,即可达到去毒目的。此方法简单、去毒率高,但对氨水的用量较大,同时处理后的氨气挥发对环境造成污染。另一种氨水去毒法,将拌有氨水的饲料(加少量氨水)在高温下放置。这样氨水在高温下挥发产生具有黏性的氨气分子可对毒素产生黏附作用, 从而达到去毒效果。这种处理方法对氨水的用量较少,而且去毒效果较好。

③蒸煮法:属于碱处理法的一种,即将霉变饲料与苏打或石灰共煮。目的是使霉变颗粒破裂,有利于碱性分子进入,以达到深部去毒的效果。相比以上化学法,此法去毒率最高,达98%以上。但比较费工,也不适合大量霉变饲料的去毒。

④浸提法:主要用盐水、碳酸氢钠或氯化钠的水溶液浸提毒素。目前,此法在黄曲霉毒素的去除中有较好的效果。

化学方法对去除饲料霉菌毒素污染具有较好的效果。但化学方法有可能会造成某些可溶性营养物质的丢失,同时某些化学物质存在较大的气味,对处理后的饲料的适口性有影响,而且化学法一般都要将化学药品配成一定的水溶液,所以对饲料水分含量不宜控制。

因此,养殖场日常管理中应严格注意饲草、饲料的储存条件,夏季做好防霉工作,从而最大限度地减少饲料的损耗,节约养殖成本,提高养殖效益。

31.肉牛采食霉变饲料如何治疗?

用于肉牛的饲料,例如玉米、豆粕、麦麸等,存储不当,在高温、高湿的环境条件下,极容易遭受黄曲霉、寄生曲霉的污染,而养牛户又不舍得将其丢掉,认为肉牛吃了没有问题或少量饲喂没有问题,肉牛长期或大量采食被黄曲霉素、呕吐毒素等污染的饲料便会导致毒素中毒症的发生。

治疗:当肉牛出现黄曲霉毒素中毒后应停止饲喂霉变饲料,同时可进行对症治疗,例如补液、利尿、保肝等,可给患牛静脉注射10%葡萄糖注射液1 000mL、0.9%氯化钠注射液500mL、维生素C注射液30~50mL、呋塞米松注射液20~30mL、肌苷注射液10~20mL、三磷酸腺苷二钠注射液8~12mL。

32.肉牛使用瘤胃素的作用是什么？

瘤胃素是莫能菌素的商品名,是世界上被最广泛使用的畜禽专用的聚醚类离子载体抗生素,是欧盟唯一允许使用的肉牛促生长饲料添加剂。主要作用是提高饲料的利用效率,既能减少瘤胃蛋白质的降解,使过瘤胃蛋白质的数量得到增加,又可提高到达瘤胃的氨基酸数量,减少细菌氮进入胃,同时还可影响碳水化合物的代谢,抑制瘤胃内乙酸的产量,提高丙酸的比例,保证给牛提供更多的有效能。试验证明,体重 180kg 的育肥牛,每天每头使用 200mg 瘤胃素,使肉牛增重提高 6%~9%,饲料转化率提高 10%左右。

33.为什么牛吃完氨化草不能立即喝水？

肉牛采食氨化草,进入瘤胃后,氨会被瘤胃里的微生物分解转化,成为微生物蛋白,再被牛消化吸收。当反刍动物大量采食氨化草后,若马上饮水,就会使氨在瘤胃里面迅速降解。当氨很快降解后,瘤胃的微生物不能利用多余的氨,同时瘤胃壁也不能完全吸收,氨的浓度升高,这样就很容易使牛发生氨中毒。因此,瘤胃的微生物虽然能利用氨化草,但这是一个缓慢的过程。牛刚吃完氨化草就立刻喝水,释放出大量氨,微生物不能把这些氨快速地转化,就在瘤胃里聚集,浓度越来越高,就发生了氨中毒。因此,牛吃完氨化草或者非蛋白氮饲料,在 1~2h 后喝水会更安全一些。这样瘤胃微生物有充分的时间来转化非蛋白氮,就不会发生氨中毒。

34.尿素在肉牛饲料中的配比是多少？

一般成年牛尿素的喂量控制在 150g 为宜,即以尿素含氮量占饲料总氮量的 20%~30%,或尿素占精料量的 1%~2%效果较好。也可按牛体重的 0.02%~0.05%饲喂,或按日粮干物质计算,尿素喂量不超过日粮干物质 1%为好。一般连续饲喂效果明显,间歇饲喂效果不明显。犊牛由于瘤胃尚未发育完全,瘤胃内缺乏微生物,所以不能给犊牛饲喂尿素。

35.使用尿素有哪些注意事项?

(1)使用时应逐渐增加用量,使瘤胃中的微生物有一个适应过程,最少要经过三周适应过渡期,才可完全增加至规定量;一旦饲喂含尿素饲料,不可时停时用,以免影响瘤胃内微生物群平衡。但如因病投喂抗生素、磺胺类等药物,应停喂尿素。

(2)尿素味苦,应配合适口性好的饲料原料使用(如糖蜜)。

(3)不可与生大豆或含脲酶高的大豆粕配合使用,因脲酶能将尿素迅速水解成氨,易导致动物氨中毒。

(4)应与能量饲料配合使用,因瘤胃微生物合成蛋白质的过程同时需要能源。其中纤维素提供能量的速度太慢,糖分又过快,均效果差,以高淀粉的效果最好,熟淀粉又比生淀粉好。且用干草、高淀粉精料特别是糊化淀粉再加尿素效果最佳,若配合苜蓿使用,效果更佳。

(5)反刍家畜的日粮中粗蛋白质水平应保持在 10%(9%~12%)水平下添加尿素,因蛋白水平较高时,添加尿素作用不大。其次,添加尿素量也不可过多,尿素最高以占到 35%的蛋白当量时为优。另一方面,饲料中的蛋白质可溶性高,在瘤胃中释放氨的速度加快,也会影响尿素的利用率。

(6)严禁随喂随饮尿素水,饲喂后 60~120min 内不给饮水,否则瘤胃中将迅速产生大量的氨,当瘤胃中氨过多,来不及被微生物全部利用时, 一部分氨通过瘤胃上皮由血液送到肝中再转化为尿素,其中大部经尿排出而浪费,少部分尿素通过唾液或血液循环到瘤胃再利用。但当吸收的氨超过肝脏转化为尿素的能力时,血液中氨浓度过高便引起氨中毒。

（7）在不喂精料只喂干草条件下，牛对尿素的耐受量比较低，故尿素不得单喂。

（8）尿素变成菌体蛋白时除需要能量外，还需要补充矿物质。喂尿素时的最佳比例为氮（N）：硫（S）=15:1。常用补硫添加剂有硫酸钠、硫酸钙、硫酸钾、硫酸铵等。每喂100g尿素就应补3g无机硫，每头每天饲喂10~40g硫酸镁。但日粮干物质硫含量不可超过0.4%，否则就会中毒。另外，瘤胃内细菌蛋白质的合成是在大量酶的作用下进行的，大部分酶的分子含有锌、铁、铜等元素，日粮中缺乏这些元素时也会影响细菌的生长繁殖。

36.肉牛尿素中毒后如何治疗？

（1）中毒症状：瘤胃迟缓，反刍减少或停止，唾液分泌过多，表现不安，肌肉颤抖，四肢痉挛，呻吟，喘气，呼吸困难，出汗，唾液分泌增多，口鼻流出泡沫状液体，严重的突然倒地，瞳孔散大，很快死亡。

（2）治疗方法：可用5%的醋酸溶液2~3L灌服，以中和瘤胃内的氨，间隔20~30min再灌服1~2次，轻者很快即可康复；还可先放血200~300mL，再静脉注射5%葡萄糖生理盐水2~3L，维生素C 5g、10%樟脑磺酸钠20mL;静脉注射5%~10%硫代硫酸钠溶液100~200mL，或静脉注射10%葡萄糖酸钙液200~400mL，如严重还应同时应用强心剂、利尿剂等疗法。

37.这些饲料为什么不能直接喂牛？

（1）生豆：豆类饲料包括黄豆、黑豆、豌豆等，这些豆类饲料中含抗胰蛋白酶等抗营养因子，牛采食后不仅会影响消化与吸收而且还会出现拉稀的症状，因此豆类饲料一定要经高温处理后方可饲喂。

（2）霉变饲料：有些地区秋季阴雨连绵，玉米、玉米秸秆、稻草及麦草等均会出现不同程度的霉变。肉牛采食后出现食欲下降、消化不良、拉稀、生长受阻及霉菌中毒等一系列问题，轻则影响正常生长与健康，重则可能 出现大量伤亡，母牛会影响繁殖，造成流产，带来较大的经济损失。要加强饲料的保存，出现霉变时一定要禁止饲喂。

（3）变质块茎饲料：进入冬季一些多汁块茎饲料相对充足，例如胡萝卜、马铃薯及红薯等，饲喂肉牛可改善饲料适口性，同时可补充一定的矿物质及维生素等。肉牛采食发芽的马铃薯或黑斑的红薯会中毒，出现拉稀、抽搐等症状，重则出现大量伤亡。

38.如何制作苜蓿青贮？

苜蓿青贮制作方法有窖贮、包膜青贮两种。

（1）青贮池（窖）贮存制作步骤：

①在现蕾至初花期（20%开花）进行收割。

②晾晒 6~12h，通常为早晨刈割，下午制作，或下午刈割，第二天早晨制作。

③用铡草机将苜蓿切成长度 2~5cm。

④填装入青贮池（窖），大约每装填 50cm，摊平，用农用机械压实（特别要注意靠近窖壁和拐角的地方），并在上面均匀喷撒青贮饲料乳酸菌添加剂。

⑤逐层装填、压实，至高出池面 20~30cm，上铺塑料薄膜，覆盖废旧轮胎密封。

⑥管理：窖口防止雨水流入及空气进入。在青贮池（窖）四周应有排水沟或排水坡度。

（2）包膜贮存制作步骤：苜蓿适时收割、晾晒、铡短，先用打捆机压制成形状规则、紧实的圆柱形草捆,再用裹包机将草捆用塑料拉伸膜紧紧包裹、密封。

39.制作全株玉米青贮饲料有何意义?

(1)营养丰富:全株玉米青贮中含有 30%~45%的玉米籽实(湿重),能够节约精饲料,各种微量矿物元素及维生素的含量更为丰富,可以减少营养成分的损失,提高饲料利用率。

(2)增强适口性:青贮饲料柔软多汁、气味酸甜芳香、适口性好,尤其在枯草季节,家畜能够吃到青绿饲料,自然能够增加采食量。同时还促进瘤胃分泌消化液,对提高肉牛日粮内其他饲料的消化也有良好的作用。

(3)减少虫害:通过青贮,还可以消灭原料携带的很多寄生虫(如玉米螟,钻心虫)及有害菌群,杜绝鼠害、火灾造成的损失。

(4)制作简便:青贮是保持青饲料营养物质最有效、最廉价的方法之一。青贮原料来源广泛,各种青绿饲料、青绿作物均可用来制作青贮饲料;制作青贮饲料受季节和天气的影响较小;制作工艺简单,投入劳力少。与保存干草相比,制作青贮饲料占地面积小,易保管。

(5)保存时间长:青贮原料一般经过 30~45 天的密闭发酵后,即可取用饲喂。保存好的青贮饲料可以存储几年或十几年的时间。生产实践证明,青贮饲料不但是调剂青绿饲料欠丰,以旺养淡,以余补缺,是合理利用青饲料的一项有效方法,而且是规模化、现代化养殖,大力发展农区肉牛业,大幅度降低养殖成本,快速提高养殖效益的有效途径。

40.如何制作全株玉米青贮?

(1)青贮窖准备:对青贮窖进行修补整理,清理杂物、剩余原料和脏土。最好在窖底、四壁铺衬塑料薄膜。

（2）原料收获：全株玉米青贮一般在玉米乳熟后期或蜡熟期收割。

（3）用机械将原料切短到 2~3cm，且玉米秸秆破节率 75% 以上。

（4）每填装 20~30cm，随即用机械压实，注意压实四个角落。

（5）水分控制在 65%~75%，此时"花须开始蔫、苞叶开始黄、掐动不出水、籽实乳线 1/2"，约比正常收获提前 10~15 天。

（6）原料快装满时，在四壁铺衬大小足以将青贮窖覆盖的塑料布。

（7）当原料填装到高出窖口 50cm 以上时，覆膜盖严。小型青贮池覆膜后再覆土 20~30cm 封窖。大型青贮池覆膜后，可覆压轮胎等重物封窖。

41.青贮添加剂主要有哪些？

（1）微生物制剂：使用最多是乳酸菌接种剂，秸秆中含有的乳酸菌数量极为有限，添加乳酸菌能加快作物的乳酸发酵，抑制和杀死其他有害微生物，达到长期酸贮的目的。乳酸菌有同质和异质之分，在青贮中常添加的是同质乳酸菌，如植物乳杆菌、干酪乳杆菌、啤酒片球菌和粪链球菌等，同质乳酸菌发酵产生容易被动物利用的 L-乳酸。

（2）酶制剂：青贮过程中使用的酶制剂主要有淀粉酶、纤维素酶、半纤维素酶等。这些酶可以将秸秆中的纤维素、半纤维素降解为单糖，能够有效解决秸秆饲料中可发酵底物不足、纤维素含量过高的问题。

（3）抑制不良发酵添加剂：这类添加剂用得较多的有甲酸、甲醛。添加甲酸对青贮的不良发酵有抑制作用,其用量为 2~5L/t。甲醛对所有的菌都有抑制作用,其添加量一般为 3%~5%。添加丙酸、己二烯酸、丁酸及甲酸钙等能防止发酵过程中的霉变,这类添加剂的添加量一般为 0.1%左右。

(4)营养添加物:添加玉米面、麸皮等可以补充可溶性碳水化合物,氨、尿素的添加可以补充粗蛋白质含量,碳酸钙及镁剂的添加可以补加矿物质,这类添加物都属于营养添加物。

(5)无机盐:添加食盐可提高渗透压,丁酸菌对较高的渗透压非常敏感而乳酸菌却较为迟钝,添加 4%的食盐,可使乳酸含量增加,乙酸减少,丁酸更少,从而改善青贮的质量和适口性。

42.制作青贮必须具备哪些条件?

(1)足够的乳酸菌

足够的乳酸菌是青贮发酵的必要条件,每克青贮料需要至少含有 10 万个乳酸菌。实际植物表面本身含有的乳酸菌含量非常少,只有人工添加乳酸菌青贮剂,才可以满足快速发酵的条件,才可能竞争过霉菌、腐败菌等有害菌。

(2)适当的含糖量

主要是可溶性糖,青贮料应满足 1.5%~2%的含糖量,才可能转化出足够的乳酸,抑制有害菌的生长。

(3)适当的水分

全株玉米或玉米秸秆的含水量在 65%~70%时制作的青贮饲料质量最佳。

(4)厌氧环境

在青贮时,青贮料必须压实,密封严实,创造良好厌氧环境,乳酸菌才能发挥最佳作用。青贮料内残留空气越少,青贮效果越好。

43.如何制作半干青贮饲料？

半干青贮饲料,又叫低水分青贮。玉米收穗后,尽快收割,有一半绿色茎叶为宜,使原料水分含量降到 40%~50%,植物细胞液变浓,细胞质的渗透压增高,腐败菌、丁酸菌和乳酸菌的生命活动接近于生理干燥状态而被抑制,不能生殖,发酵不能进行,从而使养分保存下来。其技术要点如下:

（1）应适时刈割禾本科在孕穗期刈割,豆科则在初花至盛花期刈割,可适当推迟。应在含水量较低且天气晴朗时收割。

（2）调节水分,青绿饲料刈割后需要预干,将含水量调节至 40%~ 50% 。

（3）铡短:一般铡成 1.5~3.5cm,容易压实。

（4）装填和压实:原料装填应从青贮窖一头的两个角开始,分段进行,装满一段再装下一段。在装填完的部分及时盖上结实的塑料布和适量的重物。

（5）密封:压实后,及时密封。一般密封 45 天以上,可开窖取用。

44.青贮二次发酵的原因有哪些？

（1）原料收割晚,切段长,装窖不均匀,有凹陷,装贮时间过长,未压实,密封差等。

（2）环境气温高。

（3）青贮饲料的密度低。

（4）青贮饲料的水分含量低。

（5）饲喂青贮饲料时一次取出的量少。

45.如何避免青贮二次发酵？

（1）物理方法

①经常检查青贮窖有无损坏。

②每日取料厚度 30cm 左右,取料时使用专用取料机,不得破坏窖的完整性。

(2)微生物方法

二次发酵的原因由于青贮料中含有酵母菌和霉菌,一般情况下品质差的青贮料不易造成二次发酵,这是因为品质差的青贮料中丁酸含量较高,抑制了酵母菌和霉菌的繁殖。品质优良的青贮料中由于酵母菌含量少,不易造成二次发酵。因此在制作青贮料时必须使原料中的酵母菌数量减少,主要采取以下措施。

①青贮原料必须适时收割:使水分在 65%~75%;应防止玉米秸秆受霜冻;青贮玉米在蜡熟后期或黄熟期,其含水量不超过75%,营养物质成分高,干物质中可消化总养分 70%,淀粉含量为 20%,养分有效率为 50%,可消化蛋白为 1.7%左右。而乳熟期或遭霜的玉米乳酸发酵受抑制,青贮 pH 高,总能量少,易引起二次发酵。

②青贮饲料不宜切得太长:可将秸秆切成 2~3cm;青贮原料切段长度对其质量有显著的影响,因为玉米的切段长度直接影响着青贮料的密度。一般玉米秸 2cm 左右为佳,容易填装、压实和排出空气。

③使用青贮添加剂:可适当添加糖类、乳酸菌等添加剂,迅速引起乳酸发酵,从而制作良好的青贮饲料,但一定要注意与青贮原料混匀。

④装填密度高:一般青贮饲料适宜的装填密度为 700~800kg/m³。

⑤尽快封窖:要集中时间、人力、物力等,在短时间内(2~3 天内)封窖,因玉米含糖高,含水分多,青贮密封好,2 天内乳酸菌大量繁殖,pH 降低,可调制出优质的青贮饲料。若密封不好,侵入空气及水分,有霉菌和其他杂菌活动,则会致使青贮料变质。

(3)化学方法:甲酸(蚁酸)抑制剂 0.2%~0.25%,尿素和氨等化学药剂喷洒在青贮饲料上,防止二次发酵。发生二次发酵时,一定要将腐败的部分去掉,再喷洒防止二次发酵的化学制剂,封严青贮料表面。

46.饲喂青贮有哪些注意事项?

(1)注意饲料品质。经过 20~30 天的密封发酵,青贮饲料开封后闻到酸香气味,颜色为青绿色或黄绿色,质地柔软、湿润,可判定为优质青贮饲料,即可用于喂牛。每次开封取料后应迅速做好密封,以免青贮饲料与空气长时间接触而出现霉变。当青贮饲料开封后有刺鼻气味,颜色发黄或发黑,肉眼可见的腐烂、霉变或黏连现象,可判定为变质青贮饲料,禁止喂牛,否则,将会造成腹泻、中毒或流产,严重影响牛的健康生长,因此变质青贮严禁饲喂任何牛群。另外,冬季由于气温较低,相对不容易变质,但不代表不会变质,所以是否变质在冬季特别容易被忽略。饲喂的青贮一定要检查是否变质,如是否有霉味或刺鼻酒味,手感是否发黏等。绝对不可以饲喂冰冻的青贮,否则会造成拉稀,甚至可导致妊娠牛流产。

(2)取料方法:取用青贮饲料时,一定要从青贮窖的一端开口,按照一定厚度,自上而下分层取用,保持表面平整,要防止泥土的混入,切忌由一处挖洞掏取。建议每次取料数量以饲喂一天的量为宜。春季,天气逐渐变暖,有害微生物繁殖速度加快,青贮饲料与空气接触时间较长,易造成青贮饲料发霉、变质等。因此,在青贮饲料取出后,应立即封闭青贮窖窖口,防止青贮池内进入过多空气。

(3)饲喂量:应当结合青贮饲料的品质、肉牛的年龄、性别、生理阶段、生长速度等因素,参考饲养标准的需要量确定合适的青贮饲喂量。品质良好的青贮料可以适量多喂,但不能完全替代全部饲料。一般情况下,青贮饲料干物质可以占粗饲料干物质的 1/3~2/3。

成年牛每100kg体重青贮饲喂量:哺乳牛1~2kg,育肥牛2~3kg。犊牛可从生后第四个月末开始饲喂青贮料,喂量每天100~200g/头,随着月龄增加饲喂量逐渐增加。

(4)冬季青贮的管理:青贮窖内部温度较高,一般不会结冰,冬季老鼠特别喜欢在青贮窖内做窝,尤其带棒全株玉米,如发现老鼠窝周边50cm内的应该扔掉,避免一些疫情传染给牛群;冬季气温较低(零下)时,严禁工作人员去青贮窖上面踩踏,避免破坏塑料膜或其他遮盖物导致青贮变质;冬季饲喂青贮要测定青贮本身的泌乳净能,如泌乳净能较低,要适量减少青贮饲喂量,增加一定精料,保证冬季牛群不出现能量负平衡。

47.设计肉牛饲料配方时应注意哪些问题?

(1)营养原则

①满足肉牛对能量和蛋白质的需要及能量与蛋白质的平衡,其次考虑矿物质和维生素等的需要。

②重视能量与氨基酸、矿物质与维生素等营养物质的相互关系及各种营养物质之间的平衡。

③了解所用饲料原料中的营养成分及含量变化。

④干物质采食量不宜低于肉牛最低需要量的97%,蛋白质进食量可以超过标准需要量的5%~10%。

⑤控制配合饲料中粗纤维的含量,粗纤维以15%~20%为宜。

⑥考虑动物的采食量与饲料营养浓度之间的关系,既要保证肉牛的每天饲料量能够吃进去,而且还要保证所提供的养分满足其对各种营养物质的需要。

⑦饲料的组成应多样化,适口性好,易消化。

⑧饲料组成应保持相对稳定,如果必须更换饲料时,应遵循逐

渐过渡的原则。

（2）经济原则

①所选用的饲料原料价格适宜,选择时要因地制宜,就近取材。

②在肉牛生产中,由于饲料费用占饲养成本的70%左右,配合日粮时,尽量选用当地产的营养丰富、质量稳定、价格低廉、资源充足饲料,增加农副产品比例,充分利用当地的农作物秸秆和饲草资源。

③可建立饲料饲草基地,全部或部分解决饲料供给。

（3）安全性原则

①饲料中的有毒成分在动物产品中的残留与排泄应对环境和人类没有毒害作用或潜在威胁。

②要保证配合饲料的饲用安全性,对那些可能对肉牛机体产生伤害的饲料原料,除采用特殊的脱毒处理措施外,不可用于配方设计。

③对于允许添加的添加剂应严格按规定添加,防止这些添加成分通过动物排泄物或动物产品危害环境和人类的健康。

④对禁止使用的添加剂,应严禁添加。

48.如何配制肉牛的精饲料?

在适当控制饲料成本的基础上,科学合理的配制肉牛精饲料,既能够增强肉牛的体质,又能够增加肉牛饲养效益。

精饲料包含能量饲料、蛋白质饲料、矿物质饲料、微量（常量）元素和维生素。

能量饲料主要是玉米、麸皮、高粱、大麦等,约占精饲料的60%~70%。

蛋白质饲料主要包括豆饼(粕)、棉饼(粕)、花生饼等,占精饲料的 20%~25%。产棉区育肥肉牛蛋白质饲料应以棉饼(粕)为主,以降低饲料成本,犊牛补料、青年牛育肥可以增加 5%~10%豆饼(粕)。小作坊生产的棉饼不能喂牛,以避免棉酚中毒。棉饼(粕)、豆饼(粕)、花生饼最多每天喂量不宜超过 3kg。

矿物质饲料包含食盐、小苏打、微量(常量)元素、维生素添加剂, 一般占精饲料的 3%~5%。冬、春、秋季节食盐占精饲料的 0.5%~0.8%,夏天占精饲料的 1%~1.2%。以酒糟为主要粗饲料时,应增加小苏打,占精饲料的 1%,其他粗饲料喂牛时,夏天占精饲料的 0.5%~1.0%。

微量(常量)元素、维生素添加剂一般不能自己生产,需要从正规生产厂家购买,依照说明在保质期内使用,禁止运用"三无"产品。

49.配制精饲料的注意事项有哪些?

国家禁止使用的增重剂、性激素、蛋白质同化激素类、精神药品类、抗生素滤渣和其他药物在配制精料时不能添加。允许的添加剂和药物要严格按照规则使用。禁止运用肉骨粉、血粉、羽毛粉等动物性蛋白质原料。饲料中的水分含量不得超过 14%。

50.市场中有哪些肉牛饲料产品?

(1)精料补充料:能量饲料+蛋白质饲料+矿物质(包括磷酸氢钙、小苏打、食盐等)。由于肉牛的瘤胃生理特点,必须搭配粗饲料饲喂。

(2)浓缩饲料:蛋白质饲料+矿物质+添加剂。浓缩饲料不能直接饲喂肉牛,使用前要按标定含量添加一定比例的能量饲料(主要是玉米和麸皮),成为精料混合料,搭配适当的粗饲料,才能饲喂。

(3)预混料:常量矿物质+微量矿物质+维生素,它是一种不完全饲料,不能单独直接饲喂肉牛,预混料在肉牛精料中的用量一般为 4%~5%。

51.母牛不同饲养阶段的饲料组成有哪些?

(1)犊牛的饲料组成:犊牛是指出生后到断乳的小牛,犊牛的月龄主要取决于哺乳时间的长短,哺乳期一般为 0~3 月,犊牛生后最初几天,由于各种组织器官尚未发育完全,对外界不良环境抵抗力低,适应力较弱,消化道黏膜容易被细菌穿过,皮肤保护能力差,神经系统反应不足。犊牛的饲养按其生理特点分新生期和哺乳期两个阶段,新生期为犊牛生后 1~3 天,这一时期主要喂养初乳,因为初乳中比常乳的干物质多,营养丰富,特别是蛋白质比正常奶高 4 倍,比白蛋白及球蛋白高 10 倍,所以犊牛出生 2h 内必须吃上初乳,而且愈早愈好。

哺乳期除喂常乳外,开始进行补饲,特别是植物性饲料的补给可促进胃肠和消化腺发育,尤其是对瘤胃的发育。补饲的营养水平高,犊牛的生长发育快。反之营养水平低,发育延缓。大量补饲高营养饲料,虽增长快,但不利于瘤胃发育,同时培育成本也高。一般 7 天喂开食料,让其自由采食,从 20 天后开始补喂优质干草,4 月龄以后喂青贮料, 同时为预防下痢补饲抗生素。混合精料的参考配方:玉米 47%,豆粕 35%,麦麸 15%,磷酸氢钙 1%,食盐 1%,预混料 1%。

(2)育成牛的饲料组成:犊牛 6 月龄后进入育成期。育成牛是小牛生长快的时期,要保证日增重 0.7 kg 以上,否则会使预留的繁殖用小母牛初次发情期和适宜配种年龄推迟。育成牛日粮以优质青粗饲料为主,可不搭配或少搭配混合精料。育成牛矿物质非常重要。钙、磷的含量和比例必须搭配合理,同时也要注意适当加微量元素。育成牛的基础饲料是干草、全株玉米青贮、秸秆等,青贮饲料,饲喂量为体重的 1.2%~2.5%,视其质量和大小而定,以优质干草为最好,在此时期,以适量的青贮替换干草是完全可以的。替换比例应视青贮料的水分含量而定。水分在 80%以上的青贮料替换干草的比例为 4.5:1,水分在 70%替换比例可以为 3:1,在早期过多使用青贮饲料,则牛胃容量不足,有可能影响生长,特别是半干青贮料不宜多喂。12 月龄以后,育成牛的消化器官发育已接近成熟,同时母牛又无妊娠或产乳的负担,因此,此时期如能吃到足够的优质干草就基本上可满足营养需要,如果粗饲料质量差时要适当补喂少量精料,以满足营养需要。一般根据青贮料质量补 1~3 kg 精料。参考精料配方:玉米 58%,麦麸 15%,饼粕 20%,磷酸氢钙 1%,食盐 1%,预混料 5%。

(3)空怀母牛的饲料组成:空怀母牛饲养的主要目的是保持牛有中上等膘情,提高受胎率。繁殖母牛在配种前过瘦或过肥常常影响繁殖性能。如果精料过多而又运动不足,会造成母牛过肥,不发情。但在营养缺乏、母牛瘦弱的情况下,也会造成母牛不发情。因此在舍饲条件下饲喂低质粗饲料,应进行补饲。对瘦弱母牛配种前 1~2 个月要加强营养,补饲精料以提高受胎率。参考配方:玉米 60%,麦麸 16%,棉粕或菜粕 18%,食盐 1%,预混料 5%。

(4)哺乳期母牛的饲料组成:哺乳期母牛的主要任务是多产奶,满足犊牛生长发育所需的营养需要,哺乳母牛产后 2~3 天喂给易消化的优质干草如燕麦草,适当补饲以麦麸、玉米为主的混合精料,控制喂催乳效果好的苜蓿草、蛋白质饲料等。产犊后 5~7 天食欲逐步恢复正常并达到最大采食量,对日粮营养浓度要求高,适口性要好,应限制能量浓度低的粗饲料,增加精料的喂量。哺乳期精料的参考配方:玉米 50%,麦麸 13%,豆粕 30%,酵母饲料 5%,磷酸氢钙0.5%,

食盐 0.5%，预混料 1%。

（5）妊娠母牛的饲料组成：母牛妊娠后，不仅本身生长发育需要营养，而且还要满足胎儿生长发育的营养需要和为产后泌乳进行营养蓄积。母牛怀孕前几个月，由于胎儿生长发育较慢，其营养需求较少，可以和空怀母牛一样，以粗饲料为主，适当搭配少量精料。如果有足够的优质干草供应，可不喂精料。母牛妊娠到中后期应加强营养，尤其是妊娠的最后 2~3 月，应按照饲养标准配合日粮，以优质干草为主，适当搭配精料，重点满足蛋白质、矿物质和维生素的营养需要，蛋白质以豆粕质量最好，棉饼、菜饼含有毒成分，不宜喂妊娠母牛；矿物质要满足钙、磷的需要；维生素不足可使母牛发生流产、早产、弱产，犊牛生后易发病，再配少量的玉米、小麦麸等谷物饲料便可，同时应注意防止妊娠母牛过肥，尤其是青年头胎母牛，以免发生难产。妊娠母牛精料的参考配方：玉米 57%，麸皮17%，豆粕 19%，磷酸氢钙 0.5%，食盐 0.5%，小苏打 1.0%，预混料5%。根据母牛的膘情调整精料的饲喂量，尤其在怀孕后期，一定要保证每天要采食 150~200g 预混料（包括常量矿物质、微量矿物质、维生素）。

52.饲料生产过程有哪些质量控制点？

饲料生产过程的各工序的有效控制是保证产品稳定质量的关键，主要有原料接收清理系统、粉碎系统、配料混合系统、制粒冷却系统、分级打包系统。

（1）投料

①原料使用须遵守下列原则先进先用、推陈出新、推危出安；营养指标与配方相符。

②及时做好原料使用记录，对已用完的原料及时划掉，写上结

束日期,开始使用的原料写上使用日期。

③熟悉原料货位图。投料前理货员应核对主控室传达的原料领用计划,特殊要求的原料亲自到场认可后方可投料。

④用扦样器检查原料堆有无发热、生虫、霉变现象。

⑤投料时看投料口结块霉变部分是否除去,必要时每包抽样检查。

⑥及时通知仓库员检查所投原料是否进该进的桶或原料仓。

⑦发现不合要求的原料立即禁止使用,不得含糊,并汇报生产厂长,重新安排原料使用。

⑧对夜间作业,质量有疑问的可留至白班处理,但必须跟踪。

⑨搞好原料库的卫生,及时整理废旧编织袋。

⑩每班所有投用的原料,详细填写在相应表格上。

⑪每种原料投完后应让刮板机空转 3 min,以免混料。

(2)料仓

①粉碎玉米、小麦、豆粕时每 20 min 检查一次粉碎情况,有无整粒、大颗粒;用 14 目筛子过筛。

②每进一次原料、成品都必须检查进仓是否准确,并核查周围仓有无进料,以免窜仓。

③对浓缩料与粉料,检查有无整粒料,颜色是否正常(与标准样对照)。

④破碎料有无大颗粒料、黑料、颜色是否正常、是否均匀一致,含粉是否过高。

⑤大颗粒料粒度是否过长、过短,颜色是否正常、是否均匀一致。

⑥检查分级筛运转是否正常,筛网是否损坏,每班至少查两次。

⑦检查分配器有无不到位现象。

⑧每班必须用锥形探仓器吊样所有原料、成品,检查是否有窜仓,或投料错误。

⑨所有质量检查应做书面记录。

⑩清理永磁筒。

⑪成品仓打包后,应及时观察成品仓,确保无残留。

(3)配料混合

①配方:检查电脑输入配方是否与执行配方相符、准确。换新配方时由二人复核(品控和中控工),其他人员不得随意修改配方。换用新配方时必须将老配方收回,检查原料仓号是否有变动。

②配料秤:电子配料秤工作是否正常,有无超重现象。

③液体添加系统:定期、定时检查各种油脂、水的称量系统是否正常,有无称量不读数或读数不称量现象。

④配料运行:配料运行过程中不得随意将自动状态转向手动状态(即手加形式配料),在特殊情况下须由品控认可。

⑤混合时间:检查混合机工作是否正常,有无漏料或下料不尽现象。

⑥定期检测混合均匀度:配合饲料混合均匀度≤10%,预混合饲料混合均匀度≤5%。定期清理喷油嘴,混合机及缓冲斗内部。

⑦抽查混合机生产不同品种时的清理状况。

⑧品管每年对混合机的混合均匀度进行二次定量检测。预混料混合机混合均匀度≤5%;混合时间为 7 min。

(4)小料添加口

①每班必须对上班用剩的预混料和小料的库存进行盘点,检查上班结存数,本班领用数、耗用数,其中理论结存数与实际结存

数的误差不得超过千分之一。

②对添加人员加强督促,每一种添加小料必须在电子秤上称量准确,一人负责配料,一人投料,一人现场监督,检查配料重量及数量、品名是否正确,品控员定期抽查。

③检查主控室开具的小料品种及数量是否与配方相符合。并在小料添加记录表上确认。对所添加的小料品种要仔细检查,如是否结块、受潮,预混料是否超期等。在添加过程中检查预混料是否推陈出新。对易结块的小料(如盐或氯化胆碱)检查是否过筛后使用。

④每班所领小料和预混料应有计划性,不得多领。交接班时将不用的小料品种及时退回原料库。

(5)制粒

①糊化温度:糊化温度是否达到要求温度(75~90℃)。

②制粒机蒸汽压:输入制粒机蒸汽压是否正常(2.1~4kg/cm²),见各品种制粒温度、蒸汽压力表。根据制粒、破碎情况,检查制粒频率是否过快。

③外观热制粒料:表面是否光滑无裂隙,切面是否平整等,料的长度是否符合要求。

④切刀是否调整好。

(6)冷却器

①料温是否正常,一般情况下,料温与正常温度相差不超过7℃。如出现热料,立即停机检查,修整。

②换品种时是否清理干净。

(7)破碎和过筛

①分级筛筛网是否按要求使用。

②分级筛运行状况,筛网有无破损。

③检查成品料型、含粉、色泽等。

④检查破碎机下半成品情况及筛粉回制粒仓情况。

(8)打包

①标签:内容正确、印刷清晰。标签日期是否准确,标签是否缝在包装物正面的左上角。

②包装袋:内容正确、印刷清晰。

③标签、包装袋和饲料品种一致。

④定量包装:抽查、记录(按企业标准执行)。

⑤成品感官:复查成品粒度、气味、色泽和含粉率、粉化率是否合格,把好成品入库的最后一道关,每品种必须取样、留样,以便对比。

⑥回机料:每换一成品,头尾料是否按规定拉掉或回机(一般情况前2包,如粉不高或过高,色泽不一,根据情况多拉或少拉),回机料中有颗粒的一定要粉碎后再回机。

⑦缝包线:检查缝包线是否直,有无跳针,是否控规定的颜色使用缝包线。

⑧发货:检查成品发货是否先产先售,仓库是否漏雨、有无污染。

无论是车间操作人员或品管人员一旦发现生产过程中的某环节上有质量问题,先行停机,质量管理部相关部门立即寻找原因,对所生产的质量不合格成品进行研究分析,并制订回机方案。生产部依照回机方案进行回机,品控跟踪监督检查。

53.肉牛场饲料如何管理?

饲料是肉牛生产的物质基础,均衡、合理的饲料供应是保证肉

肉牛养殖常见问题解答

牛场生产正常进行的前提,全价饲养是保证牛肉产量和质量的必要条件,因此,必须加强饲料管理工作。

(1)饲料的开发利用:能满足肉牛营养需要的饲料丰富多样,除种植的豆科、禾本科牧草外,粮食作物如谷类、薯类副产品,经济作物主要是油料作物副产品可提供大量饼类,是植物蛋白的主要来源。农产品作为饲料时的加工处理,最常用的方法是粉碎和青贮。另外,农副产品的酶贮、微贮等也能提高对粗纤维的利用率。

(2)饲料的保管和合理利用:由于饲料的收购季节性很强,收购后必须做好保管工作,以防止霉烂变质,保持其原有的营养价值。根据牛群结构对饲料的需求,制定饲料定额,按定额标准组织饲料供应,定期采购,妥善保管。经济合理地利用饲料是通过合理的饲料配合和采用科学的饲养方法来实现的。根据不同生理时期、不同年龄、不同生产要求的牛群,对营养的不同需求,经过试验和计算配制不同的日粮,既满足牛的营养需要,也不浪费饲料。同时研究饲喂方法,以提高饲料的消化率。

(3)定期考核饲料利用率:对牛群供应的饲料是否合理,要经常对牛群进行分析,如育成牛的生长发育情况、育肥牛的增重效果、成年牛的体膘和繁殖情况等。此外,定期考核饲料转化率或计算饲料报酬,是加强对饲料管理的有效措施。可用下列公式计算:饲料报酬=增加的体重或胴体重/饲料消耗量。

第三篇　犊牛篇

1.如何挑选优质犊牛?

(1)看头,要选择头大脖子粗。

(2)看嘴,一定要大。

(3)看腿,一定要粗壮。

(4)看前腿间隙,一定要宽。

(5)看牛屁股,一定要大。

(6)看骨架,屁股高,身宽,体长为宜。

(7)看鼻子,没有水珠的不要选购,说明存在疾病。

2.犊牛成活率低有哪些原因?

(1)母牛因素:是母牛的饲养管理不当,尤其是在母牛的妊娠期和哺乳期对母牛的饲养管理不到位,会造成妊娠期母牛体况下降,影响胎儿的生长发育,而使产后母牛泌乳量不足,不能为哺乳期犊牛提供充足的乳汁,使犊牛体质下降、生长发育受阻、健康水平较低、成活率降低;对母牛的管理不当,如母牛在妊娠期缺乏运动,加上饲养环境不良、饮水不足等会造成母牛发生难产,而母牛难产是引起犊牛死亡的主要原因。当母牛发生难产时,如果胎儿长时间不能产出,会导致胎儿缺氧而发生死亡,如果发生难产时助产不当,还会造成犊牛肢体拉伤、脱臼等降低犊牛成活率;另外分娩母牛的年龄过大、身体虚弱、生产性能下降、产后无奶等,就会增加死胎、弱胎、难产发生的几率,从而使犊牛的成活率不高。

(2)犊牛因素:主要是初生犊牛的护理不当,初生犊牛的各项机能较差,易受不良环境和不良饲养管理的影响而发生多种疾病,如患感冒、便秘、腹泻、脐炎等,这些疾病都易造成犊牛死亡,即使治愈也容易留下一些后遗症而被淘汰,生产上还常出现初生犊牛被冻死、饿死和卡死的现象。初乳对犊牛非常重要,因犊牛在出生后还不具有免疫力,只能通过吃初乳来获得被动免疫,如果犊牛在产后不能及时吃上初乳,则抗病能力较差,极易感染疾病而发生死亡。犊牛的生长发育迅速,代谢较为旺盛,并且随着犊牛的生长发育,对营养物质的需求量也在不断地增加,如果营养的供给不足,会造成犊牛营养不良,而出现生长发育缓慢,体质较差,对环境的适应能力不强、抗病能力较差等,最终会导致犊牛死亡。另外,对犊牛的饲喂不合理,如不定时、不定量、不定温饲喂常乳或代乳粉,卫生条件较差,消毒不彻底等,易造成犊牛发生腹泻等疾病,使成活率降低。

3.如何提高犊牛成活率?

(1)做好母牛的饲养管理:在母牛各阶段都要保证母牛的营养,保持母牛适宜的体况,避免母牛体况过肥而发生难产,同样也要避免母牛体况过瘦,影响配种受胎和胎儿的生长发育。另外,对空怀母牛良好的饲养管理有利于提高卵子的质量。

（2）要做到适时配种：青年母牛要选择合适的配种时机，若配种过早易引起母牛发生难产，并且还会造成母牛成年体重过小，影响胎儿的生长发育，易发生难产。在生产实际中要考虑到青年母牛的年龄、体重、发情表现等来确定最佳的初配时间，青年母牛最佳的配种时间是体重达到 350 kg、年龄在 13~14 月龄配种。

（3）做好妊娠母牛的饲养管理：母牛妊娠期要做好保胎工作，确保胎儿正常的生长发育，避免发生难产。母牛在妊娠初期，对营养的需求量不高，以维持自身的需要即可，饲喂过量反而对母牛和胎儿不利，但是到了妊娠中后期，随着胎儿的生长发育，对营养的需求量不断增加，此时则需要提高日粮的营养水平，以促进胎儿的生长发育。同时要尽可能的饲喂一些易消化的饲料，不但可以提供充足的营养物质，还可以预防便秘的发生。要保证每天都有适量的运动，可以增强体质，促进血液循环，避免便秘和难产的发生。

（4）哺乳期母牛的饲养管理：提高泌乳量和乳汁的质量，以给犊牛提供充足的乳汁。提高母牛的泌乳量需要在妊娠期后期就要加强营养，妊娠后期是为母牛产后泌乳贮备能量，同时根据母牛的泌乳量进行合理的饲喂，提高泌乳量。

（5）做好母牛的分娩：母牛有分娩症状时就要做好接产的准备工作，包括工具的准备、消毒工作以及母牛后躯的消毒等。母牛分娩时要尽量让其自行分娩，接产人员做好观察工作，若发生难产，则要根据发生难产的情况及时准确的采取助产措施，确保胎儿顺利产出。

（6）做好初生犊牛的护理：犊牛出生后要将口、鼻内的黏液及时清除，保持犊牛呼吸的畅通，并将犊牛身上用干毛巾擦干，防止犊牛受凉,然后做好断脐的工作。犊牛在出生 1h 内要让其吃上初乳。给犊牛提供适宜的生活环境,保持适宜的温度、相对湿度,做到通风合理。

(7)加强犊牛的饲喂:随着犊牛的生长发育,母乳已不能满足营养的需求,此时需要补料。在喂料时要保证饲料的品质良好、易于消化、适口性好,按时饮水,以促进犊牛的生长发育,确保犊牛的健康,从而提高犊牛的成活率。

4.新生犊牛如何护理?

(1)保证犊牛在出生 0.5~1h 后采食体重 5% 的初乳,通过感受犊牛胃部充盈情况保证犊牛充分获取初乳,并在 6~8h 后进行第二次饲喂,一天初乳的饲喂量 4~6L。

(2)保证犊牛在出生后以及在 3 月龄以内从母牛那里获得充足的营养。

(3)若出生后的犊牛分娩困难、体况虚弱、环境较差或者母乳缺乏等原因无法通过自主吮吸母乳来获得初乳,则需要通过人工饲喂的方式对犊牛进行饲喂并以此训练犊牛自由采食。

(4)初乳饲喂后,自然哺乳或饲喂约犊牛体重 13%~15% 牛奶或者每升温水(37~38℃)中混合 125g 优质代乳粉。

(5)保证犊牛在断奶前四周补饲开食料,刺激瘤胃发育并保证犊牛在断奶后能够正常采食犊牛料和部分优质粗饲料。

(6)犊牛跟随母亲进行自然哺乳时,应该为犊牛单独提供干净、新鲜、卫生、充足的饮水,并保证每 4~5 天对水槽进行清理。

5.犊牛饲喂初乳遵守"3Q"原则是什么?

(1)快速(Quickness):新生犊牛对初乳中的免疫球蛋白(如 IgG)的吸收能力最强。随着时间的推移,犊牛小肠渗透通道逐渐关闭,免疫球蛋白的吸收能力以每小时 5% 速率下降,出生 24h 后渗透通道完全关闭,犊牛不再具备吸收免疫球蛋白的能力。因此,初乳最佳的饲喂时间是出生后的 2h 内。

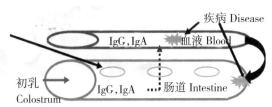

资料来源:Pat Hoofman,威斯康星大学技术推广,2005

免疫球蛋白吸收通道至出生后 24 小时关闭

(2)足量(Quantity):新生犊牛需要摄入至少 150~200g 的 IgG 以获得成功的被动免疫。目前推荐的初乳饲喂量为初生重的 10%(即 3~4L),若是检测的合格初乳,其 IgG 的含量至少应在 50g/L 以上,可以满足犊牛成功获取被动免疫所需的 IgG 量。首次初乳饲喂推荐使用食管饲喂器灌服,这样不仅可以保证初乳的摄入速度,也能保证初乳的摄入量,4~6h 后再补饲 1 次。

(3)优质(Quality):只有给犊牛饲喂高品质初乳,才能让其获得最佳的被动免疫转移。高品质初乳要保证 IgG 的含量高于 50g/L,可以采用初乳比重计或者折光仪来检测初乳质量。初乳比重计的绿色区域悬浮在初乳中,或折光仪的白利糖度值大于 22%,都说明初乳中 IgG 的含量高于 50g/L。

新生犊牛抗体吸收能力随着出生时间的延长而下降,母牛初乳中的抗体含量也会随着产犊后的挤奶时间延长而下降。因此,想要获得高品质初乳的首要条件就是产犊后 2h 内尽快挤出初乳。其次,在饲喂前要对初乳进行巴氏杀菌(60℃,60min),在不改变初乳黏度及 IgG 性质的前提下,最大化减少初乳中致病菌(如沙门氏菌、大肠杆菌、支原体、李氏杆菌等)含量。在生产中,检测犊牛 48h 的血清总蛋白含量,其水平高于 5.5g/dL(即血清 IgG 含量高于 10mg/mL),即证明犊牛成功获得被动免疫转移。

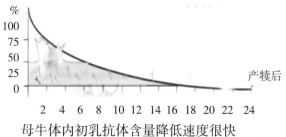

母牛体内初乳抗体含量降低速度很快

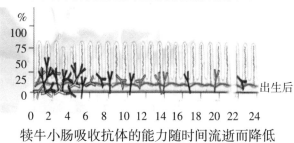

犊牛小肠吸收抗体的能力随时间流逝而降低

6.新生犊牛无法站立的原因及解决方案有哪些?

正常情况下犊牛出生 30min 左右便可以自行站立,并且会寻找母牛的乳头吮吸初乳, 不过有些犊牛出生较长时间仍不能自行站立,且没有得到及时有效的救治,那么成活的可能性将会变得非常低。造成这一问题的原因有以下 5 个方面.

(1)未及时吃上初乳或舍温过低:牛舍保温性能较差,而犊牛又恰巧在夜间出生,长期暴露于寒冷的环境中,犊牛消耗过多的能量,这种情况下犊牛同样会出现站立困难的现象。犊牛因着凉而无法站立的情况下,可将犊牛转移到温暖的环境中,并辅助其吃上、吃足初乳,犊牛很快便可以站立。母牛一定要做好配种记录,进入预产期后一定要将其转移到相对温暖的牛舍内(保持在 15℃以上)。养牛户加强对预产母牛的巡视，当犊牛出生后一定要及时将身上的黏液擦干，并用电暖风或烤火的方式为其取暖，直至犊牛可以正常站立并吃上初乳为止。

（2）犊牛体弱或早产：新生犊牛体弱基本上与母牛有关。

①母牛妊娠期间营养摄入不足，特别是妊娠中后期营养摄入不足更容易影响犊牛体质，由于冬季母牛的营养水平不能满足其营养需要，外加冬季气温较低母牛御寒能量消耗较大，故而出生的犊牛体质可能会比较差。

②母牛患有一些慢性传染性疾病、生殖系统疾病或寄生虫病等，也会对犊牛体质造成较大的影响。

③母牛妊娠期间大量饲喂青贮饲料、酒糟等酸性较大或含有酒精的饲料，或者饲喂霉变、冰冻饲料，都可能会使母牛出现流产、早产或产弱犊的现象。

④母牛长期拴养缺乏运动和光照，以及生活环境较差，也会增加产弱犊的几率。

对于体弱而不能站立的犊牛，应注意保温以免进一步消耗能量，可辅助其吃上初乳，对于不能自行吮吸的犊牛，可将初乳挤到手指上送入犊牛口中，让其形成吮吸条件反射，之后再将初乳挤到奶瓶中喂给犊牛，一般情况下犊牛只要吃上初乳便可以站立。对于一些体质特别差，连吮吸条件反射都不能形成的犊牛，可进行尝试性治疗，静脉注射 5% 葡萄糖注射液 50~100 mL，50% 葡萄糖注射液 20 mL，辅酶 A 50 单位（稀释到 5% 葡萄糖注射液中），同时用针管喂奶（注意别呛到）。

加强母牛妊娠期间的饲养管理，对提高新生犊牛的体质十分有帮助。母牛妊娠期间要科学对饲料进行搭配，注重所需营养的摄入,并且需要注意饲料原料不要有霉变。冬季母牛容易缺乏微量元素、维生素,可给母牛喂一些胡萝卜或黑麦草。母牛妊娠中后期最好采用散栏饲养或定期牵到外面进行运动、晒太阳。淘汰一些老弱及带病的母牛。

(3)犊牛饥饿

犊牛出生后本来可以站立,但是由于母牛无奶、乳房炎或母性差不让犊牛吃奶,犊牛便会因为饥饿营养不良而出现站立困难的现象。对于本来可以站立几天后又不会站立的犊牛,一定要先看看母牛奶水是否充足,奶水不足的情况下可让其他母牛对犊牛进行代乳或人工哺乳,一般只要吃上奶犊牛便可以恢复站立。

母牛产后一定要每天进行观察,看奶水是否正常,若奶水较少则应适当增加豆粕、优质粗饲料喂量,以提高母牛的泌乳量。对于患乳房炎的母牛则要进行对症治疗,乳房炎严重情况下则要让犊牛停止哺乳。对于母性较差的母牛,则可以辅助犊牛进行吃奶,待一段时间后犊牛便可以自行吃奶。

(4)犊牛缺钙或缺硒:缺钙分为两种,一种为先天性缺钙,即出生后便缺钙,这主要由于母牛妊娠期钙摄入量不足,或钙磷比例失衡等引起;另一种为后天性缺钙,即出生时正常,但是由于摄入乳汁中钙含量不足,犊牛缺钙会一天比一天严重。对于缺钙的犊牛可静脉注射葡萄糖酸钙,肌内注射维生素 D_3 注射液,一般连续用药 2~3 天后犊牛便可以站立。同时还要给母牛进行补钙,因为新生犊牛缺乏钙是由母牛妊娠期间缺钙引起,母牛乳汁中钙含量肯定略低,这种情况下只有给母牛进行补钙,才能提高犊牛钙的摄入量。母牛妊娠期间一定要注意钙磷的补充,例如可在饲料中添加 1%~2%磷酸氢钙,可有效预防新生犊牛缺钙。

（5）其他问题

一些犊牛由于近亲繁殖或其他原因,导致先天性的肢体问题,这类犊牛一般多难以恢复。还有一些犊牛因为难产,在产道中过度挤压及人工助产不当等,导致肢体损伤,这类犊牛部分可以恢复。

7.犊牛如何去势?

公犊牛出生后7天内可以在不麻醉时,使用橡皮圈通过限制血液流向阴囊达到阻断睾丸发育而进行去势;对6月龄以上的公犊牛则需通过麻醉进行手术,摘取睾丸进行去势,但必须由兽医执行操作。为避免去势对犊牛断奶产生应激,应该保证在断奶前4周或断奶后2周阉割。

8.犊牛去角有哪些好处?

（1）有利于管理,在一定程度上保证饲养员的安全。

（2）所需要的棚舍面积和采食的空间较小,对舍饲饲养的牛场,是一项重要的管理措施,可以增加肉牛饲养的密度。

（3）去角后的牛性格温顺,减少了牛与牛之间争斗造成伤害,降低食欲不振、外伤性疾病等应激。

9.犊牛去角如何操作?

犊牛去角最佳的时间是7~30日龄进行,此时易保定、流血少、痛苦小,不易受细菌感染。过早应激过大,容易造成疾病和死亡,过晚生长点角质化。去角的方法。

（1）电烙铁去角:选择枪式去角器,其顶端呈杯状,大小与犊牛角的底部一致。通电加热后,一人保定后肢,两个人保定头部,也可以将犊牛的右后肢和左前肢捆绑在一起进行保定, 然后用水把角基部周围的毛打湿,并将电烙铁顶部放在犊牛角顶部15~20s或者烙到犊牛角四周的组织变为古铜色为止。

（2）氢氧化钠去角：将犊牛的角周围 3cm 处进行剪毛，并用 5% 碘酊消毒，周围涂以凡士林油剂，防止药品外溢流入眼中或烧伤周围皮肤，将氢氧化钠与淀粉按照 1.5:1 的比例混匀后加入少许水调成糊状，带上防腐手套，将其涂在角周围约 2cm 厚，在操作过程中应细心认真，如涂抹不完全，角的生长点未能破坏，角仍然会长出来，一般涂抹后 7 天左右，涂抹部位的结痂会自行脱落。应用此法，在去角初期应与其他犊牛隔离，防治其他犊牛舔舐，烧伤口腔及食道；同时避免雨淋，以防苛性钠流入眼内或造成面部皮肤损伤。还可使用氢氧化钠棒去角，经上述常规处理后，用棒状的氢氧化钠在犊牛角基部摩擦，直到出血以破坏角的生长点。一般涂抹后 7 天左右，涂抹部位的结痂会自行脱落，也可使用去角灵膏剂进行涂抹去角。

10.犊牛去角有哪些注意事项？

（1）犊牛去角后，应从牛群中隔离出来，最好是在犊牛单栏饲养时进行，以避免相互舔舐造成犊牛的口腔、食道等部位被烧伤。

（2）24 h 内要每小时观察一次，发现异常及时处理。同时防止雨淋，特别是头部。

（3）使用氢氧化钠去角时，术者要带好防护手套，防止氢氧化钠烧伤手，同时要涂抹完全，防止角细胞没有遭到破坏，角继续长出。

11.犊牛断奶程序有哪些?

(1)在犊牛 3 月龄时连续 3 天采食开食颗粒料,达到 1.0~1.5kg/(头·天),即可考虑断奶,保证断奶时体重达到 100kg 以上。

(2)犊牛断奶后原地过渡饲养 7 天,以减少转群应激。然后转入专门的过渡圈饲养 15 天,给其提供开食颗粒料和优质燕麦干草或苜蓿干草,保证洁净饮水。

(3)断奶犊牛按月龄分群饲养,开食料 2~2.5kg,燕麦干草或苜蓿干草自由采食,保证洁净饮水。不可过早饲喂全株玉米青贮。

(4)断奶过程应该逐渐进行,并保证畜舍通风和卫生状况良好,防止畜舍地面过滑,并保证足够的活动空间。

(5)公犊断奶前的日增重应该达到 1.15~1.30kg,母犊牛断奶前的日增重应该达到 1.05kg。

12.犊牛断奶成功的标志是什么?

(1)断奶时犊牛体重达到初生重的 2.5~3.0 倍。

(2)体高较出生时增加 12~14cm。

(3)断奶时开食料采食量达到 1.0~1.5kg,且持续 2~3 天。

(4)犊牛死亡率小于 5%,发病率小于 10%。

13.犊牛如何补饲?

(1)补饲精料:在犊牛 5~7 日龄时补饲开食料,喂完奶后用少量开食料涂抹在其鼻镜和嘴唇上,或撒少许开食料,在奶桶上任其舔食,促使犊牛形成采食开食料的习惯,1 月龄时日采食犊牛开食料250~300g,2 月龄时 500~700g,3 月龄时 1.5kg 以上。

(2)饲喂青绿多汁饲料:如胡萝卜、甜菜等,犊牛在 20 日龄时开始补喂,以促进消化器官的发育。每天先喂 20g,到 2 月龄时可增加到 1~1.5kg,3 月龄为 2~3kg。青贮料可在 4~6 月龄时开始饲喂,每天 100~150g,以后逐渐增加饲喂量。

(3)隔栏补饲:在母牛舍内加设犊牛自由出入的犊牛栏,内置犊牛用的开食料或颗粒料及铡短切碎的优质粗饲料(如紫花苜蓿、燕麦草等),训练犊牛自由采食,促进瘤网胃发育,能提高犊牛增重速度。经过隔栏补饲,60 日龄的犊牛体重可达到 80kg 以上,精饲料的日采食量可达到 0.7kg 左右,继续到 90 日龄,体重可达到 100kg 以上,日采食量 1.5~1.8kg。

14.犊牛腹泻的原因及如何预防?

(1)原因:寄生虫引起的,隐孢子虫(1 周龄内)、球虫(3~6 周龄);病毒引起的,轮状病毒(1~3 周龄)、冠状病毒(1~3 周龄);细菌引起的,沙门氏菌(2~6 周龄)、大肠杆菌(5 日龄内)。

(2)症状:粪便呈亮黄色或白色,眼窝下陷,食欲下降,皮肤水肿隆起,卧倒不起,体温 39.5℃以上。

(3)治疗:隔离发病犊牛;口服电解质溶液(依据脱水程度频繁少量地在喂奶前 30min 饲喂);体温异常的犊牛非常虚弱时,可使用抗生素(但对病毒和寄生虫无效);常发且严重时,需采集粪便送检。

(4)预防:1~7 日龄口服疫苗,1 次/天(预防隐孢子虫感染);对妊娠母牛注射轮状病毒抗体;保证垫料干净和良好通风与舒适的环境温度;定量饲喂优质初乳或代乳粉。

15.犊牛肺炎的症状及如何预防?

(1)症状:早期症状为(感染)食欲降低、采食量下降,耳朵下垂,咳嗽,体温高;严重症状为呼吸频率增加,呼吸费力。

(2)治疗:隔离病牛,兽医治疗,使用抗生素(只对细菌引起的肺炎有效)治疗。

(3)预防:犊牛免疫,两次免疫[如传染性牛鼻气管炎(IBR)疫苗];初次免疫2周龄,间隔四周;良好的通风和保暖;环境消毒;牛病毒性腹泻(BVD)控制。

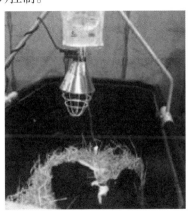

16.犊牛脐带炎的症状及如何预防?

(1)原因:在犊牛断脐时产房环境卫生差,脐带消毒不严,接产人员的手和器械消毒不严,舍内垫草不洁、潮湿,不及时更换,初生犊牛之间相互吸吮脐带等都能导致脐带感染而发生脐带炎。

(2)症状:肚脐脓肿可见脓液;食欲下降;精神沉郁,食欲减退,体温升高,呼吸与脉搏加快。脐带与组织肿胀,触诊质地坚硬,有疼痛反应。脐带断端湿润,有的可挤出脓汁,恶臭,有的因脐带断端封闭而挤不出脓汁,但可见脐孔周围形成脓肿。严重时可引起败血症,如感染破伤风杆菌,可引发破伤风。

（3）治疗:可将脐部及周围组织剪毛,用3%双氧水或1%~2%的高锰酸钾消毒后，再用普鲁卡因青霉素在脐孔周围皮下分点注射。已形成脓肿的,切开脓肿,排除脓汁,切除坏死组织,用5%碘酊消毒创面,并撒上磺胺粉给以包扎。

（4）预防:母牛产前对产房严格消毒,并做好环境卫生工作,产后断脐时,应严格消毒,还确保初乳质量。

17.犊牛红眼(结膜炎)的症状及如何预防?

（1）症状:眼睛水状分泌物,过度眨眼,讨厌阳光,眼睑和第三眼睑发红肿胀。

（2）治疗:自然恢复,氯西林眼用抗生素软膏涂于结膜囊,上眼睑组合注射广谱抗生素和消炎药。

（3）预防:环境控制,降低对犊牛眼睛的刺激,控制蝇虫数量。

18.牛病毒性腹泻(BVD)的症状及如何预防?

（1）症状: 持续性感染犊牛(妊娠期感染);犊牛出生后表现为小脑发育不良(共济失调;呈大开立姿势等);6~18月龄时出现严重

腹泻症状(牛病毒性腹泻黏膜病),可能致死;犊牛短暂性感染(包括腹泻和小牛肺炎症状、其他疾病发病率增加和死亡);动物无因生长发育不良或死亡。

(2)预防:BVD 清除计划:给牛打耳标同时取样,淘汰持续性感染犊牛;活牛交易时确保 BVD 为阴性。隔离制度:避免与带有 BVD 犊牛同时饲养。

19.犊牛水中毒的原因有哪些?

(1)天气炎热,气温过高,犊牛出汗多,缺失盐分,饮水次数又少,导致犊牛一次暴饮大量冷水。

(2)在我国北方地区,每年的 10 月至翌年 4 月,为夜长昼短、天寒地冻时期,水易结冰,犊牛饮水次数减少或只能饮冷水,突遇温水而暴饮。

(3)犊牛断奶前后,特别是断奶后,改喂饲料饲草,需要的水分增多,饲养人员未能及时增加供水次数,或其他原因不能保证足够饮水,都可造成犊牛一次暴饮而发病。

20.为什么不用全奶饲喂犊牛?

(1)大多数情况下,全乳价格比代乳粉昂贵(代乳粉 2.5 元/kg 左右,牛奶 3.3~3.8 元/kg)。

(2)维生素、矿物质、微量元素含量不足。

(3)pH 高(代乳粉 pH 5.9~6.2,偏咸,添加矿物质)。

(4)来自母体的病原体有传播给犊牛的风险(如沙门氏菌病、牛病毒性腹泻、牛白血病、牛结核病等)。

(5)瘤胃发育延迟,推迟断奶(增加成本,影响后期犊牛发育)。

21.犊牛饲喂全奶需要注意哪些方面?

(1)细菌污染:牛奶中的致病菌,如沙门氏菌、大肠杆菌、支原体和牛副结核等,都会通过饲喂传染给犊牛。因此饲喂前要进行恰当的巴氏杀菌处理,巴氏杀菌后尽快饲喂,避免再次被环境中的致病菌污染。

（2）营养成分的波动:如果是废弃奶,乳脂、乳蛋白的含量波动较大,无法给犊牛提供稳定的营养供应;如果是奶罐中的牛奶,乳脂含量显著高于乳蛋白的含量,乳蛋白是促进骨骼生长的主要营养物质,并且较高的脂肪含量会使犊牛长时间处于饱腹状态从而限制开食料的采食。

（3）维生素和微量元素:根据美国国家科学研究委员会（NRC）的推荐量,全奶中的维生素和微量元素的含量无法满足犊牛的营养需要。维生素和微量元素的匮乏,也会抑制免疫系统的发育,因此饲喂全奶时,建议添加营养平衡剂。综合全奶的利弊,优质代乳粉可以替代全奶的饲喂。

22.什么是犊牛代乳粉?

代乳粉是根据犊牛生长发育特点和美国国家科学研究委员会（NRC）犊牛营养标准,模拟牛奶特性所制作、以乳业副产品为主的商品饲料,粉末状,饲喂时需稀释成液体。要求营养全价,富含犊牛生长所需的能量、蛋白质、脂肪、氨基酸及多种维生素、微量元素等,而且要富含免疫因子,保健性能良好,适口性良好。一般蛋白质（主要是乳蛋白）含量为20%,对于由植物蛋白替代部分乳蛋白的代乳品中,粗蛋白含量应在22%~24%,粗脂肪至少为15%,粗纤维含量不高于0.25%。

23.如何饲喂犊牛代乳粉?

从喂初乳或常乳向喂代乳粉需要3~4天的过渡期,以便犊牛逐渐适应,避免突然改变日粮引起胃肠不适。基本原则是:开始喂代乳粉的第 1 天,代乳粉占 1/4,牛奶占 3/4;第 2~3 天代乳粉和牛奶各占 1/2;第 4 天代乳粉占 3/4,牛奶占 1/4;从第 5 天开始全部饲喂代乳粉。使用时,将代乳粉与水按 1:8 的比例稀释,要求水温 60°C 左右,搅拌均匀,待温度降至 37~38°C 时给犊牛饮喂。切记不要用开水稀释,会使脂肪和蛋白质变性,使犊牛难以消化产生腹泻。

24.购买犊牛代乳粉有哪些注意事项?

初生犊牛瘤胃尚未发育完全,营养主要靠皱胃(真胃)和肠道吸收,而胃肠道消化酶活性低。选用的代乳粉要具备消化性能好、能促进肠道微生物绒毛发育、促进瘤胃发育的特点,乳源蛋白和脂肪等要求比较高。

(1)蛋白质:代乳粉蛋白来源为全乳蛋白或浓缩蛋白等为主,全乳蛋白有全脂乳、脱脂乳、浓缩乳蛋白、乳清粉、酪蛋白等,替代全乳蛋白的蛋白质源有大豆蛋白精提物、大豆分离蛋白以及小麦面筋粉等。在选用代乳粉时,如果添加了植物性蛋白,建议蛋白质含量在 22%~24%,因为植物源性蛋白氨基酸的组成与比例与奶源蛋白质差异性较大,犊牛还没有足够的消化酶进行消化,植物性蛋白不能充分利用。在使用这类产品时建议少喂勤添,使其逐渐适应,避免肠道应激导致腹泻。

(2)脂肪:代乳粉中脂肪的添加的作用:一方面提高能量水平,促进犊牛的快速生长需要;另一方面,用于犊牛体温的维持,脂肪对维持犊牛体温非常重要,尤其在寒冷的冬天。一般优质的代乳粉中脂肪的添加量在 10%~20%。代乳粉中脂肪的缺乏不利于犊牛健康生长的需要。而脂肪过多,尤其是添加过多的植物油的代乳粉,犊牛不能很好地消化,造成胃肠道的负担。建议优选以乳脂肪为来源的代乳粉,更利于消化吸收。

（3）碳水化合物：代乳品中最好的碳水化合物以乳糖为最佳，不能含有太多的淀粉或蔗糖。过多淀粉是造成3周内犊牛营养性腹泻的主要元凶，因为犊牛胃内没有足够的消化酶分解来消化这些淀粉。建议选择代乳粉时不能仅考虑价格，若选用淀粉含量高的低价产品，相应的风险也比较大。

（4）其他营养素：筛选代乳品的关键是需要关注其营养成分的含量，优良的代乳粉一般要求含有优质的蛋白质、易消化的碳水化合物、易消化的脂肪，还要有全面足量的维生素和微量元素。另外添加有益生微生物、免疫活性物质、消化促进剂等满足犊牛生长的必要成分。

现在很多商家为了防止早期犊牛腹泻的发生，会添加土霉素、金霉素等抗生素。这种犊牛代乳粉对瘤胃微生物的生长繁殖有不利的因素，从而影响瘤胃的前期发育，建议不选用添加抗生素的犊牛代乳粉。优质的犊牛代乳粉一般添加有益微生物制剂，通过调整胃肠道中微生物菌群的平衡，促进有益微生物的生长，抑制病原微生物的生长和繁殖，刺激免疫系统的发育和抗体的产生，提高犊牛的免疫水平和抗病能力。目前，应用较多的是在代乳粉中添加低聚糖，因低聚糖味甜，提高适口性，起到诱食的作用；能提高消化道内双歧杆菌等有益菌的数量；提高免疫力和抗病力，显著提高日增重。

25.饲喂代乳粉有什么好处？

（1）能够减少犊牛对鲜奶的使用量，降低犊牛的培育成本。

（2）有利于促进犊牛的发育，增强犊牛对饲料的采食和营养物质的消化吸收，提高犊牛的生长发育速度，而且能够增强犊牛的抗病力，提高免疫力。

（3）降低犊牛死亡率和重大疾病的发生率。

26.犊牛开食料的作用是什么？

犊牛开食料，也称犊牛代乳料或犊牛精料补充料，是根据犊牛的营养需要用精料配制，其作用是促进犊牛由以乳为主的营养向完全采食植物性饲料过渡，促进犊牛瘤胃发育，饲料形状为颗粒状。Amanda 推荐犊牛出生第 2 天开始提供新鲜的开食料和饮水，供其自由采食。开食料在瘤胃中产生挥发性脂肪酸（VFA），尤其是丁酸，可以有效促进瘤胃乳头及上皮细胞的发育，这是功能性瘤胃的重要标志。因此开食料的采食量可以侧面反映出瘤胃的发育程度。合适的乳液消化速率会促进开食料的采食量；充足、新鲜的饮水也会促进开食料的采食量（犊牛每采食 1kg 开食料则需要 1.8kg 饮水）。

27.如何配制断奶犊牛精料配方？

玉米 55%、麦麸 12%、豆粕 24%、犊牛专用预混料 5%、碳酸钙 0.8%、益生菌 0.2%、小苏打 2%、食盐 1%。这个精料配方适用于断奶犊牛到骨架基本长成，此时犊牛生长发育需要较多的蛋白质和钙，一定要注意豆粕及磷酸氢钙的喂量。

28.冬季哺乳期犊牛把好哪四关？

（1）把好呼吸顺畅关：犊牛出生后，要立即用清洁的软布擦净鼻腔、口腔及其周围的黏液。对于倒生的犊牛，如果发现已经停止了呼吸，则应该尽快两人合作，抓住犊牛后肢将其提起来，拍打胸部、脊背，以便把吸到气管内的黏液咳出，使其恢复正常呼吸。

（2）把好卫生消毒关：一要消毒脐带。在离犊牛腹部 8~10cm 处握紧脐带，用大拇指和食指用力揉搓脐带 1~2min；然后用消毒的剪刀在经揉部位远离腹部的一侧把脐带剪断，无需包扎，用 5% 的碘酒浸泡脐带断口 1~2min 即可,断脐后注意观察,防止感染。随后,让母牛舔犊牛 3min,以利于母牛排出胎衣;最后,用干草(也可用干草粉、锯末、麸皮、糠等)揉搓犊牛的被毛,尽快让皮肤干燥,减少黏液蒸发的时间。二要消毒环境。犊牛出生后要转入犊牛笼单独饲养 7 天左右,笼内要采用稻草做垫料,每 2~3 天消毒一次。每天每次喂奶后必须将容器、用具和周围环境清理干净,将奶桶倒置沥干,这样可以有效减少细菌的滋生,避免疾病的传播。

(3)把好喂给初乳关:一般犊牛初生后 2h 内应该让其吃上 4L 初乳,过 4~6h 后,再让吃上 2L 初乳。犊牛刚生出能较好地吸收初乳中的免疫球蛋白,出生后 24h,对免疫球蛋白就不再吸收了,如出生 24h 内不能吃上初乳,犊牛对许多病原丧失抵抗力,特别是犊牛大肠杆菌病易引起下痢甚至死亡。如果母牛没有初乳或者初乳受到污染,可用其他产犊日期相近的母牛的初乳代替,也可以用冷冻或保存的健康牛初乳代替。

(4)把好疫病防控关:吃上初乳的犊牛,体内抗体水平一般较高,一般不易生病,但是冬季由于气温、湿度等环境影响,容易造成犊牛两种常见的疾病是感冒和腹泻(胃肠炎)。

一是感冒的防治。如发现犊牛体温升高、流清鼻涕,耳鼻发凉毛竖立、浑身发抖、口流黏液、舌面发白、呼吸加快等症状,这是典型的感冒症状。治疗可以用青霉素 200 万单位,百尔定 40mL,肌肉注射,每天 1 次,连用 3 天。

二是腹泻的防治。如发现腹泻,要采取清理胃肠,保护胃肠黏膜,抗菌消炎处理。可以用:①肌肉注射百病消,每 10kg 体重 1mL,每天 2 次,连用 3 天;或肌肉注射腹泻停,每千克体重 0.3mL,每天 2 次,连用 3 天。②口服畜禽宁或磺胺脒 30g,抗菌增效剂 (TMP)6g,碳酸氢钠

30g,加水适量,一次内服,每天 2 次,连用 3 天。

总之,犊牛初生后,注意保温,防止贼风,要为其创造一个保暖、干燥和清洁的卫生环境。天气暖和、中午时候,要让犊牛出来晒晒太阳。犊牛舍内要勤换垫草,把湿度控制在 55%以下,可以在撒一些草木灰或石灰类的物质,起到消毒、除湿的效果。

29.犊牛饲喂时"四看"是什么?

(1)看食槽:犊牛没吃净食槽内的饲料就抬头慢慢走开,这说明给犊牛喂料过多,如果食槽底和壁上只留下料渣,说明喂料量适中;如果食槽内被舔得干干净净,说明喂料量不足。

(2)看粪便:犊牛所排粪便日渐增多,粪便比纯吃奶时稍稠,说明喂料量正常。随着喂料量的增加,犊牛排粪时间形成新的规律,多在每天早晚喂料前后排粪。粪便呈无数团块融在一起,像成年牛粪便一样油光发亮且发软。如果犊牛排出的粪便形状如粥,说明喂料量过多;如果排出的粪便像水一样稀,并且臀部沾有湿粪,说明喂料量太多或水太凉。这时,只要停喂 2 次,然后在饲料中添加粉状玉米、麸皮等,拉稀即可停止。

(3)看食相:固定饲喂时间,10 多天后犊牛就可形成条件反射,以后每天一到饲喂时间,犊牛就跑过来寻食,说明喂量正常;如果犊牛食槽吃净,在饲槽周围徘徊,不肯离去,说明喂料量不足;如果喂料时,犊牛不愿到槽前,说明上次喂料过多或可能患疾病。

(4)看肚腹:饲喂时,如果犊牛腹线很明显,不肯到饲槽前采食,说明犊牛可能受凉感冒,或是患了伤食症;如果犊牛腹线很明显,食欲反映也很强烈,但到饲槽前只是闻闻,一会儿走开,说明饲料变换太快不适口,或料水湿度过高或过低;如果犊牛肚腹膨大,不吃料,说明上次吃料过多。

30.犊牛哺乳期的消化部位是什么?

新生犊牛的瘤胃不具备消化功能,真胃(皱胃)是主要的消化部位,其体积占整个胃的 60%。此阶段,牛奶是犊牛主要的营养来源,因此,出生第 2 天开始饲喂牛奶或代乳粉。喂奶时,食管沟闭合,乳汁直接进入真胃进行消化,随后营养物质在小肠内被吸收。为保证乳汁顺利进入真胃,食管沟的闭合至关重要,因此要保证奶液温度在 39℃左右,并且推荐在喂奶时使用带有奶嘴的喂奶桶置于犊牛头部上方进行喂奶。吮吸式喝奶不仅有利于食管沟的闭合,也有利于唾液的分泌从而有助于乳汁的消化,另外吮吸式喝奶可以降低喝奶速度防止犊牛胀气。

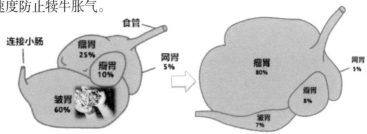

31.新购犊牛如何护理?

(1)分次逐步饮水:新到肉牛犊应在干净、干燥的地方休息。首先,应提供清洁饮水。肉牛犊经过长距离、长时间的运输,应激反应大,胃肠食物少,体内缺水,首次饮水量限制为 15~20L,并每头牛补人工盐 100g。第二次饮水应在第一次饮水 3~4h 后,切忌暴饮,水中掺些麸皮效果更好,随后可自由饮水。

(2)饲料搭配:新到犊牛,最好的粗饲料是优质燕麦草、羊草等长干草,其次是玉米青贮。不能饲喂优质苜蓿干草或苜蓿青贮,否则容易引起运输应激反应,导致瘤胃鼓胀。每天每头可喂 2kg 左右的精料,加喂 350mg 磺胺类药物,以消除运输应激反应,补充 5 000国际单位维生素 A 和 100 国际单位维生素 E。

(3)驱虫:犊牛入栏后立即进行驱虫。常用的驱虫药物有伊维菌素、丙硫苯咪唑、敌百虫、左旋咪唑等。驱虫应在空腹时进行,以利于药物吸收。驱虫后,犊牛应隔离饲养 15~20 天,其粪便消毒后进行无害化处理。

(4)打扫环境卫生:要经常打扫牛舍,清除粪便,通风换气;定期全舍带牛消毒;每天冲洗饲用器具,清扫圈舍,避免病菌的传染;牛舍四周加纱门、纱窗,以防蚊蝇叮咬牛体,也可采用 1%敌百虫药液喷洒牛,还可定期给犊牛饲喂适量畜用土霉素;夜间肉牛圈内可点燃蚊香或挂上用纱布包好的晶体敌百虫,以防蚊虫叮咬。

32.断奶犊牛生长速度慢的原因有哪些?

(1)断奶不合理:犊牛断奶后,母牛和犊牛突然分开,稳定舒适的生活条件突然发生改变,难以适应而影响采食和增重。应当在断奶前补饲精料,逐渐减少哺乳次数,直至完全断奶。

（2）补料不及时：犊牛在哺乳阶段没能及时补料，断奶后不能很好进食，造成生长缓慢，发育停止。一般应在犊牛断奶10~20日龄前补饲易消化的开食料，断奶后逐渐改喂犊牛料。

（3）饲料及饲养方法不合理：断奶后，饲料质量较哺乳期差，饲喂次数减少，饲养环境变化，这些应激反应使犊牛的正常生长发育受到影响。因此，要做到饲料质量、饲喂次数逐渐过渡。

（4）管理粗放：养殖户打扫、垫圈不勤，造成环境污秽，卫生条件极差，特别是在冬季，很容易引起犊牛感冒、腹泻等疾病，对其生长发育极为不利。在实际生产中，可根据牛体格、体重大小合理分群，保持环境卫生。

（5）疾病和驱虫：由于饲养管理不当，造成犊牛发生传染性疾病、呼吸道疾病以及消化道疾病等，这些对犊牛的生长都有影响，另外寄生虫也会影响犊牛的生长。所以要做好饲养管理和防疫工作，同时定期进行驱虫。

33.僵牛的原因及如何催肥?

僵牛是由于疾病或营养不良等多种原因所导致的一种疾病,俗称"小老牛"。临床上表现为精神状况尚好,食欲较为正常,比同龄犊牛明显偏小,生长速度缓慢。

(1)病因

①胎僵:由于近亲繁殖所造成的后代品种退化,生长发育停滞;母牛配种时年龄过大;母牛体质差,妊娠期体内营养储备不足;或是过早地进行交配,母牛自身发育不良而导致后代的发育不良形成僵牛。

②奶僵:孕期中因母牛的饲料营养水平低下,能量供应不足、日粮中缺乏蛋白质、矿物质、微量元素及维生素;母牛隐性疾病,造成某些营养物质不能吸收,导致胎儿先天发育不良,影响后天生长;新生犊牛的护理不当,如犊牛出生后没有及时哺乳,加之母牛泌乳能力差,乳汁少,质量差,致使犊牛不能满足营养需要,生长停滞。

③料僵:犊牛断奶后,日粮品质不良,营养缺乏;育成牛大小差别大且同群饲养,强者多吃食,弱者吃不到足够的日粮而处于饥饿状态,久而久之形成僵牛。

④病僵:犊牛患细菌性、病毒性疾病后往往生长速度大大降低,形成病僵。另外,一些慢性病,直接阻碍犊牛生长发育。

⑤虫僵:因犊牛体内、体外寄生虫而引起的生长阻滞,如蛔虫、肺丝虫、姜片吸虫、螨虫等。

⑥创伤僵:是由于阉割、打斗等原因造成重大创伤后引起的生长迟缓。

(2)症状:该病多发于犊牛,临床表现为被毛粗乱,体格瘦小,圆肚腹,尖屁股,大脑袋,弓背缩腹,精神尚可,只吃不长,有的 12

月龄才达到 200kg。

（3）催肥

①驱虫：对所有僵牛进行解僵治疗前，都要驱虫，而且对体内体外寄生虫都要进行有效驱虫。对于体外寄生虫，还要进行药浴。也要对环境中存在的寄生虫进行彻底的杀灭。

②营养保健，开胃消食：就是"提高采食量、促进消化吸收"。建议在犊牛精料补充料中额外添加复合维生素预混剂，或一些微生态制剂，以调节和维护消化道菌群平衡，对牛消化系统进行修复和保健。

34.犊牛 3 周龄开始补开食料有哪些好处？

犊牛从 3 周龄以后，瘤胃、网胃、瓣胃迅速增大，而且由于接触少量食物和水，微生物随着口腔进入前胃（瘤胃、网胃、瓣胃），犊牛开始出现反刍的功能，此时开始补充开食料，瘤胃中正常的细菌、原虫和真菌就自然建立起来，虽然瘤胃中有上百种微生物黏附在饲料颗粒上，但只有十几种微生物是主要类群，只有那些在厌氧环境下能够发酵碳水化合物的细菌才能在瘤胃中快速生长，碳水化合物发酵的最终产物（特别是乙酸和丙酸）会促使瘤胃内微生物和纤毛虫繁殖和生长发育，改善瘤胃功能和消化道环境，平衡阴阳离子，提高饲料利用率。因此，饲喂适口性好的犊牛开食料对促进瘤胃快速发育和顺利渡过断奶期是十分重要的。

35.犊牛过早补充干草有哪些危害？

因为犊牛初生时（在 3 周龄以内），其瘤胃、网胃、瓣胃都很小，不具备消化草料的能力，也没有微生物和纤毛虫存在，只能靠乳汁进入真胃供吸收利用。如何成功避开前胃将乳汁成功送达真胃，就靠食道沟的闭合作用了。若这时补充干草会加重犊牛瘤胃、网胃、瓣胃的负担,则会引起疾病。

36.犊牛培育有哪些目标?

(1)实现从单胃消化到复胃消化的过渡和从奶食营养到草食营养的过渡。

(2)抵御外源性病菌的侵扰,建立独立的自身免疫机制。

(3)保持适当的体重和体尺,实现生长发育指标。

(4)为成年期采食、消化、吸收各种饲料营养物质奠定基础。

37.犊牛各阶段的管理有哪些要点?

(1)哺乳期

①做到"五定":定质、定时、定量、定温、定人。

②做到"四勤":勤打扫、勤换垫草、勤观察、勤消毒。

(2)断奶犊牛(断奶至6月龄)

①提供足量开食料和优质苜蓿干草自由采食,自由饮水。6月龄前禁止饲喂青贮等发酵饲料。

②保证充足新鲜洁净饮水。

③保持圈舍卫生,通风干燥,定期消毒,预防疾病。

④尽可能减少断奶、日粮变化和环境等因素造成的不良应激。

第四篇 育肥牛篇

1.如何选择育肥牛?

原则是架子大、增重快、瘦肉多、脂肪少、无疾病。

(1)品种:选择西门塔尔、安格斯、日本和牛等纯种公牛冻精与本地黄牛杂交的后代,这类牛一般生长速度和饲料利用率都较高,饲养周期短,见效快,收益大。

(2)性别:一般先选公牛,其次是阉牛,最次是母牛,因为公牛增重最快,饲料转化率和瘦肉率均高。如生产高档牛肉,应选 2 岁以上公牛,先去势,易沉积肌内脂肪,形成大理石花纹,否则其肌纤维粗,降低食用价值。

(3)体质外貌:头宽多肉,颈短而粗,胸宽而深,肋骨开张且多肉,背腰和尻部宽广,四肢短直,皮肤柔软,毛色光亮,全身肌肉丰满,整个体型侧看、左看、右看近似"砖"形,前看呈"圆桶形"。但要注意,对头大、肚腹大、颈细、尻尖的犊牛(前期发育多半不良)和体型像犊牛的成年牛(四肢细长、腹小、躯体浅窄,青年期生育受阻),均不宜做育肥牛,这类牛育肥时间长、耗费大,很难通过催肥增加产肉量。

(4)健康状况:要求了解牛的来源、生长发育情况等,并通过牵牛走路,观察眼睛神采和鼻镜是否潮湿以及粪便是否正常等特征,对牛健康状况进行初步判断,必要时应请兽医师诊断。

(5)膘情:通过肉眼观察和实际触摸来判断,主要应该观察肋骨、脊椎骨、十字部、腰角部和臀端肌肉丰满情况,如果骨骼明显外露,则膘情为中下等;若骨骼外露不明显,但手感较明显为中等;若手感较不明显,表明肌肉较丰满,则为中上等,购买时,可据此确定牛的价格高低和育肥时间长短。

2.肉牛食欲差的解决办法有哪些?

(1)驱虫:对于消瘦、食欲不振的牛,首先要驱虫,驱除牛体内的线虫、蛲虫、吸虫、绦虫等,还要注意驱除体表寄生虫。在饲料中加入瘤胃素,不但可以提高饲料转化率,还具有明显的抗球虫病作用。

(2)瘤胃取铁:牛采食较粗,饲草中铁丝、铁钉等容易进入瘤胃,沉入网胃,给网胃造成创伤,影响牛的食欲,因此要定期进行瘤胃取铁。

(3)消除胃肠炎:多种因素可引起牛浅表性胃肠炎,病牛常表现为食欲不振,粪便稀软。消炎常用磺胺脒(每天每头 40~80g)灌服或拌入饲料中饲喂,连用 2~3 天。

(4)健胃:用健胃散或投喂微生态制剂,后者能迅速增加牛肠胃中的有益微生物数量,并分泌有益物质,提高免疫力。

(5)合理配制饲料:品质差的粗饲料如麦秸、稻草等,可进行氨化或微贮处理,玉米秸秆、豆秸等质地较硬的饲草要用铡草机切短揉碎。精饲料的搭配要注意食盐、小苏打、微量元素、维生素的添加。

3.育肥牛喂玉米面好还是压片玉米好?

玉米磨碎的粗细度不仅影响牛的采食量和生产性能,也影响玉米本身的利用率及肉牛饲养的成本。由于粉碎粗细不同,饲喂育肥牛后的效果有较大差异。粉碎过细,适口性降低而造成采食量下降,在瘤胃内被降解的比例提高了,饲料转化率低,即被肉牛利用的比例降低了(还容易酸中毒),增重速度下降。据报道,玉米的粉碎细度(粉状料的直径)以 2mm 为宜。

压片玉米的好处。

(1)玉米所含的淀粉受高温高压而发生糊化作用,形成糊精,从而使玉米具有芳香味,因而提高了适口性。

(2)玉米淀粉的糊化作用使淀粉的颗粒结构发生变化,消化过程中酶更易发生反应,从而使玉米饲料转化率提高了 7%~10%。

(3)淀粉的结构发生变化,消化部位后移到小肠,减少了瘤胃发酵损失,淀粉转化率提高 42%。

(4)玉米淀粉糊化作用,减少了瘤胃酸中毒发病率。

据报道,使用压片玉米,育肥牛日增重提高 5%~10%。

4.标准化养殖场育肥牛饲料为什么要尽量保持稳定?

肉牛与猪禽等单胃动物最大的不同在于拥有功能特殊的瘤胃,瘤胃内寄生着多种微生物,这些微生物是肉牛消化利用粗饲料的基础。瘤胃微生物的种类和数量只有保持稳定才能保证肉牛健康,而只有在固定的日粮组成,瘤胃微生物的种类和数量才能保持稳定。日粮变化可导致瘤胃微生物也发生相应改变,但这种改变的完成需要 5~7 天的适应期,如果饲料改变过快或过于频繁,轻则会使肉牛的食欲不振和饲料利用效率下降,重则会引起拉稀、瘤胃鼓胀等代谢疾病。标准化养殖场的育肥牛育肥时间短、养殖数量多,为避免饲料的浪费,提高肉牛养殖的经济效益,更要保持饲料原料和种类的稳定性,不要轻易大幅度地更换。

5.育肥牛饲料中精饲料如何配制?

精饲料包括能量饲料、蛋白质饲料、矿物质饲料、微量(常量)元素和维生素等。

（1）能量饲料主要包括玉米、高粱、大麦、麸皮等,占精饲料的60%~70%。

（2）蛋白质饲料主要包括豆饼(粕)、棉籽饼(粕)、菜籽饼(粕)、胡麻饼(粕)、葵花饼(粕)、花生饼(粕)等,占精饲料的 20%~25%。犊牛精补料、青年牛育肥可以添加 5%~10%豆饼(粕)。棉籽饼防止棉酚中毒,每天每头喂量不宜超过 3kg。

（3）矿物质饲料包括磷酸氢钙、食盐、小苏打、微量（常量）元素、维生素添加剂,一般占精饲料量的1%~5%。青年牛育肥磷酸氢钙添加量占精饲料量的 1%~2%,架子牛育肥占精料 0.5%~1%。冬、春、秋季节食盐添加量占精饲料量的 0.5%~0.8%,夏季添加量占精饲料量的 0.8%~1.0%。小苏打添加量占精饲料量的 0.75%~1%,微量(常量)元素、维生素添加剂一般不能自己配制,需要从正规生产厂家购买,按照说明在规定期内使用,严禁应用"三无"产品。

6.育肥牛精饲料配制有哪些注意事项?

严禁添加国家不准使用的添加剂、如性激素、蛋白质同化激素类、精神药品类、抗生素滤渣和其他药物等;国家允许使用的添加剂和药物要严格按照规定添加。严禁使用肉骨粉、血粉、羽毛粉等。饲料中的水分含量不得超过14%。

7.育肥牛精饲料参考配方有哪些?

（1)玉米–豆粕–棉籽粕型

玉米 65%、麦麸 10%、豆粕 7%、棉籽粕 10%、小苏打 1%、益生菌或酵母培养物 2%、育肥牛预混料 5%。

（2)玉米–豆粕–胡麻饼型

玉米 60%、麦麸 14%、豆粕 8%、胡麻饼 16%、小苏打 1%、益生菌或酵母培养物 2%、育肥牛预混料 5%。

（3）玉米—豆粕—葵花饼型

玉米 55%、麦麸 15%、豆粕 8%、葵花饼 15%、小苏打 1%、益生菌或酵母培养物 2%、育肥牛预混料 5%。

（4）玉米—棉籽粕—菜籽饼型

玉米 60%、麦麸 12%、棉籽粕 10%、菜籽饼 8%、小苏打 1%、益生菌或酵母培养物 2%、育肥牛预混料 5%。

8.新购架子牛有哪些管理措施？

（1）隔离：新购进的架子牛，隔离区饲养 15~20 天，进行驱虫、疫病检测，2 周后，确定没有问题后再混群饲养。口蹄疫疫苗免疫根据本场实际情况，每年免疫 2 次，分别在 2~3 月、10~11 月，定期检测免疫抗体水平。随时观察牛群健康状况，发现异常要及时处理和治疗。

（2）饮水：肉牛长途运输到场后，首先休息 30min 后再进行饮水。首次要掌握好饮水量，根据体重大小每头饮水不超过 10kg 左右；第二次可在 3~4h 后进行。

（3）分群：按大小强弱分群，每头牛需要运动场面积 4~5m²，进行散栏饲养。

（4）驱虫和防疫：7 天后进行驱虫，一般可选用阿维菌素。驱虫 3 日后，每头牛口服健胃散 350~400g。驱虫可每隔 2~3 月进行 1 次。根据当地疫病流行情况，进行疫苗注射。

（5）建立档案：用塑料耳标进行编号并填写架子牛采购记录表，建立档案。

9.新引进架子牛如何育肥？

（1）育肥前期的饲养：也称过渡饲养期，15 天左右。刚引进的架子牛，经过长时间、长距离的运输以及环境的改变，一般应激反应比较大,胃肠中食物少,体内失水严重。因此,首先应提供清洁的饮水,并在水中加适量的人工盐。但要防止牛暴饮,第一次限量每头10~20kg为宜。4 h后可以让其自由饮水。要保持环境安静,防止惊吓,让其尽快适应育肥环境条件,然后让牛自由采食粗饲料,以优质干草为宜,然后逐渐增加饲喂全混合日粮1~1.5kg。另外,在此阶段进行驱虫与健胃、免疫、编号等工作,完成过渡饲养期。

(2)育肥中期:需45~75天。这时架子牛的干物质采食量应逐渐达到体重的2.0%~2.4%,日粮蛋白质水平为12%,精粗饲料比例为45:55~50:50。若是采用白酒糟或啤酒糟作粗饲料时,可适当减少精饲料的用量。定期称重,调整精饲料添加比例,精料一般按体重1.0%~1.2%供给,即体重300kg,饲喂3~3.6kg,500kg以上体重,饲喂5~6kg精料。建议精饲料配方:玉米65%、麦麸6%、豆粕8%、棉籽粕6%、菜籽粕6%、育肥牛专用预混料5%、小苏打1%、磷酸氢钙1%、食盐1%。

(3)育肥后期:通常为30~80天。日粮干物质采食量应占牛体重的2.2%~2.5%,精粗饲料比例为50:50~60:40。建议精饲料配方:玉米65%、麦麸6%、大麦10%、豆粕5%、菜籽粕6%、小苏打1%、磷酸氢钙1%、食盐1%、预混料5%。育肥后期,开始沉积脂肪,此时需要大量的碳水化合物和脂肪,因此必须增加玉米的比例,必要时还应饲喂适量的油脂,为了防止出现酸中毒小苏打的比例应再增加一些。

10.育肥牛管理的原则有哪些?

牛育肥时坚持"五定""五看""五净"的原则,就能达到很好的育肥效果。

(1)"五定"

①定时:每天上午7~9时,下午5~7时各喂1次,间隔8h,不能

忽早忽晚。上午、中午、下午定时饮水3次。

②定量:每天的喂量,特别是精料量按每100kg体重喂精料1~1.5kg,不能随意增减。

③定人:育肥牛的饲喂、清扫卫生等日常管理要固定专人,以便及时了解每头牛的采食情况和健康,并可避免产生应激。

④定时刷拭:每天定时给牛体刷拭,以促进血液循环,增进食欲,保持牛温顺,易管理,从向前后逆毛后顺毛刷。

⑤定期称重:为了及时了解育肥效果和饲料消耗情况,定期称重很有必要。首先牛进场时应先称重,按体重大小分群,3月后和出栏时再称重,便于饲养管理。

(2)"五看":指看采食、看饮水、看粪尿、看反刍、看精神是否正常。

(3)"五净"

①草料净:饲草、饲料不含沙石、泥土、铁钉、铁丝、塑料等异物,确保干净、新鲜、无霉变、无有毒有害物质污染,种类多样化。

②饲槽净:及时清扫饲槽,防止草料残渣在槽内发霉变质。

③饮水净:注意饮水卫生,避免有毒有害物质污染饮水,天气寒冷时,水温要保持在25℃左右。

④牛体净:经常保持体表卫生,防止体外寄生虫的发生。

⑤舍净:圈舍要勤打扫、勤除粪,牛床要干燥、干净,保持舍内空气新鲜、清洁、冬暖夏凉。

11.育肥牛管理措施有哪些?

(1)牛舍:应建立在地势高燥、背风向阳的地方。敞棚舍式饲养,保证通风,同时要注意舍内温湿度,夏季最好保持在20℃左右,冬季要在7℃以上。牛舍内要及时清理粪污,保持干燥,每月消毒1

次,夏季用药物消灭蚊蝇。

(2)限制运动:肉牛在育肥期应限制运动,采用散栏饲养,每头牛占地面积 4~5m²,以减少其活动范围,降低能量消耗,提高育肥效果。

(3)建立规律的饲喂制度:育肥期间要定时饲喂、自由饮水,坚持每天刷拭,以保持牛体卫生,促进血液循环。为检查饲养效果,每90 天称重 1 次,以便及时根据体重调整日粮,或者适时出栏。

(4)适时出栏:肉牛在饲养到 1.5~2 岁时,体重达到 550~600kg 时,适时出栏。根据采食量判断:如果肉牛体重达到 500kg 以上时,但是采食量减少,同时增重速度下降,说明已经没有增重的潜力,应及时出栏。如果已达到出栏体重,但食欲旺盛,体重仍在增加,增重速度并没有太大的下降,可以再饲喂一段时间,稍晚些出栏。

(5)消毒防疫措施:牛入栏前或出栏后,要对牛舍、食槽、水槽、器械、工具等进行彻底地打扫、消毒。建立完善的消毒制度,除了工具、器械等进行定期清理消毒,牛场门口设消毒池,过往车辆进行严格消毒。严禁外来人员随意出入场区。

12.农村散养牛如何驱虫?

农村散养牛更容易患寄生虫病, 当牛体内外寄生虫较多的情况下,便会影响牛的正常休息、采食、消化、生长及健康等,长期下去牛便会不断衰弱,抗病力会严重下降,最后多会因营养衰竭或继发感染而出现死亡,因此农村散养牛应加强驱虫工作,每年至少驱虫 3~5 次。

(1)第一次驱虫:3~4 月,此时开春是牛抓膘复壮的最好时间,一定要先将体内外寄生虫驱干净才能长膘, 可以选择伊维菌素皮下注射+阿苯达唑内服联合驱虫,伊维菌素针对体内线虫和体外寄生虫,而阿苯达唑则主要针对胃肠内寄生虫,两者联合使用驱虫效果比较理想。

（2）第二次驱虫:6~7月,采用0.1%敌百虫溶液或0.1双甲脒溶液对牛进行喷体,可以驱除绝大多数体外寄生虫。

（3）第三次驱虫:8月,此时正是牛焦虫病发病高峰期,焦虫是一种血液原虫,常规驱虫药物如伊维菌素、阿苯达唑或左旋咪唑等并没有驱虫效果,必须选择具有针对性的驱虫药物,如贝尼尔、黄色素、咪唑苯脲等药物。

（4）第四次驱虫:9~10月,这段时间草料充足且天气凉爽,正是抓秋膘的时期,应进行体内、体外全面驱虫,可以选择伊维菌素皮下注射+左旋咪唑内服联合驱虫,阿苯达唑和左旋咪唑都是针对胃肠内寄生虫,但是左旋咪唑的针对性要更强一些,对蛔虫和钩虫效果较好。

13.夏季育肥牛防暑管理的要点有哪些?

（1）在温度炎热的气候环境下,首先要营造较好的干燥、清洁、安静的环境条件,确保育肥牛安全度夏。

（2）采用安装风扇通风或其他强制通风措施,达到排除牛舍内污浊空气和降低牛舍温度的目的。

（3）采取降温措施,尽量减少热辐射。

①喷水降温:一是牛舍舍顶喷水降温,二是牛舍舍内喷水雾降温,三是牛运动场(或舍内)地面泼水降温。

②搭凉棚降温:牛舍顶部搭和运动场搭凉棚降温。

（4）供足饮水,清凉、新鲜、充足的饮水是育肥牛安全度夏的重要条件。

（5）防止蚊蝇,消灭蚊蝇,以免干扰牛的休息。

（6）改变喂料时间，早晨多喂，12:00~18:00时少喂或停喂，夜间可补喂。

（7）有序、规范、制度化管理，养成育肥牛良好的生活习惯，切忌频繁变动喂料、饮水时间。

（8）12:00~18:00时尽量减少育肥牛的活动，尽量减少育肥牛长时间晒太阳，以免引起中暑。

14.如何选择架子牛?

（1）年龄：选择1~1.5岁青年架子牛，体重300~350kg。年龄越小饲料转化率越高，年龄大的牛饲料转化率变低，脂肪贮存比例增大。

（2）性别：相同的育肥水平条件下，公牛生长速度比阉割公牛和母牛快，饲料转化率高，所以一般选择公牛。

（3）品种：选择兼用型西门塔尔牛或改良的杂种牛。

（4）个体：健康无病，性情温顺；体型上选择四肢长，飞节高，背腰长，无论侧望、前望、后望、上望，均呈"矩形"。体高、体躯深长的牛增重潜力比较大。另外要选择皮肤松弛柔软，皮毛柔密的牛。

（5）血统：选择良种或改良种牛的后代。严禁从有重大疫病流行的地区引进牛。

15.肉牛快速育肥绝招有哪些?

（1）3~6月龄犊牛料中每天每头添加30~70mg金霉素，可促进其生长。

（2）在3月龄犊牛料中添加杆菌肽锌10~100mg/kg,4~6月龄犊牛添加4~40mg/kg,具有显著的增膘作用。

（3）牛育肥期饲喂尿素,既省料又增膘,用量为:成年牛每天每头喂100~120g;500kg体重的牛喂量150g左右;6月龄以上育成牛

40~50g；青年牛 50~90g，一般日增重可提高 11%~20%。

（4）在育肥肉牛精料混合料中添加 1%~1.5%碳酸氢钠（小苏打），可增进食欲，日增重提高 11%。

（5）每头牛每天精料中添加 60~360mg 莫能菌素，日增重提高 15%~21%。

（6）在肉牛精料混合料中加入 1%~2%的沸石粉，日增重可提高 10%~15%，并有促消化、抗病、除粪臭的作用。

（7）在牛精料中添加 0.02%~0.2%的益生菌，育肥牛日增重可提高 12%。

16.育肥牛主要指标的生长发育规律是什么？

（1）体重：牛的初生重大小与遗传有直接关系。在正常的饲养管理条件下，初生重大的犊牛生长速度快、断奶重也大。一般肉牛在 8 月龄内生长速度最快，以后逐渐减慢，到了成年阶段生长基本停止。据报道，牛的最大日增重是在活重 250~400kg 达到的，也因日粮中的能量水平和蛋白水平而异。

饲养水平下降，牛的日增重也随之下降，同时也降低了肌肉、骨骼和脂肪的生长。特别在肥育后期，随着饲养水平的降低，脂肪的沉积数量大为减少。当牛进入性成熟（8~10 月龄）以后，阉割可以使生长速度下降。据报道，在牛体重 90~550kg 之间，阉割减少了胴体中瘦肉和骨骼的生长速度，但却增加了脂肪在体内的沉积速度。尤其在较低的饲养水平下，阉牛脂肪组织的沉积程度远远高于公牛。

（2）体型：初生犊牛，四肢骨骼发育早而骨骼发育迟，因此牛体高而狭窄，臀部高于鬐甲。到了断奶前后，体躯长度增长加快，其次是高度，而宽度和深度稍慢，因此牛体增长，但仍显狭窄，前、后躯高度差消失。断奶至 14~15 月龄,高度和宽度生长变慢,牛体进一步加长、变宽。15~18 月龄以后,体躯继续向宽、深发展,高度停止增长,长度增长变慢,体型浑圆。

（3）胴体组织:随着肉牛生长和体重的增加,胴体中水分含量明显减少,蛋白质含量的变化趋势相同,只是幅度较小。胴体脂肪明显增加,灰分含量变化不大。骨骼的发育以 7~8 月龄为中心,12 月龄以后逐渐变慢。内脏的发育也大致与此相同,只是 13 月龄以后其相对生长速度超过骨骼。肌肉从 8~16 月龄直线发育,以后逐渐减慢,12 月龄左右为其生长中心。脂肪则是从 12~16 月龄急剧生长,但主要是体脂肪,而肌间和肌内脂肪的沉积要等到 16 月龄以后才会加速。胴体中各种脂肪的沉积顺序为皮下脂肪、肾脏脂肪、体腔脂肪、肌间脂肪和肌内脂肪。

（4）肉质:肉的大理石纹从 8~12 月龄没有多大变化。但 12 月龄以后,肌肉中沉积脂肪的数量开始增加,到 18 月龄左右,大理石纹明显,即五花肉形成。12 月龄以前,肉色很淡,呈粉红色;16 月龄以上,肉色呈红色;到了 18 月龄以后肉色变为深红色。肉的纹理、坚韧性、结实性以及脂肪的色泽等变化规律和肉色相同。

17.育成牛如何育肥?

育成牛是指 6~18 月龄阶段的牛, 正处在生长旺盛时期,育肥增重快、饲料报酬率高。一种是幼龄牛强度肥育,即在犊牛断奶后立即转入育肥,采用高度营养饲喂,使其日增重保持在 1.2kg 以上,周岁时结束育肥。这种方法必须用大型肉用牛或我国良种黄牛的杂交后代牛,除饲喂优质粗饲料如全株玉米青贮外,其精饲料配方为玉米 60%、麸皮 16%、豆粕 16%、磷酸氢钙 1.0%、食盐 1%、小苏打 1%、预混料 5%。另一种是 12~18 月龄的架子牛,经 6 个月左右的强度肥育后,体重可达 500kg 以上。强度育肥时混合精饲料量可占体重的 1.5%,饲喂精料 3~3.5kg、玉米青贮 15kg、优质青干草 3~4.5kg。混合精料配方为:①玉米 65%、麸皮 12%、豆饼 15%、磷酸氢钙 1%、食盐 1%、小苏打 1%、复合预混料 5%;②玉米 60%、麸皮 12%、葵花饼 20%、碳酸钙 1%、食盐 1%、小苏打 1%、复合预混料 5%。

18.淘汰牛如何育肥?

(1)购牛要求:应购买因饲养管理不当、饲料营养供给不足或寄生虫而导致膘情较差的瘦牛,对于一些患病导致较瘦的牛则不宜进行育肥,如患传染性胸膜肺炎、慢性肠炎或其他慢性消耗性疾病。另外应尽量购买骨架较大的瘦牛,只有骨架大后期才能有良好的增重效果。

(2)购牛季节:购买牛犊春季是最佳季节,一是春季气温等各方面都比较适宜,二是春季牛犊上市量比较大,三是春季购买牛犊经过育肥后到年底正好可以出栏,而购买瘦弱老牛则最好在夏末秋初,因为夏季天气热,牛采食、消化能力较差,另外夏末购买价格一般会相对便宜一些,进入秋季之后气温变得适宜、草料资源丰富可以快速上膘,经过 3 个月左右的育肥可以在冬季牛价行情较好时出栏。

(3)驱虫健胃:瘦弱老牛一般都会存在大量寄生虫,若在当地购牛 3~5 天可以进行驱虫,外地购牛 7~10 天可以进行驱虫,驱虫最好选择伊维菌素+阿苯达唑(或左旋咪唑)联合使用,可以达到良好的驱虫效果。驱虫后需要给牛免疫口蹄疫疫苗、牛出血性败血症疫苗,一般短期育肥只免疫这两种疫苗即可。同时,需要进行健胃以恢复食欲、增强消化能力,健胃可选择健胃散+益生菌,可以增强胃肠蠕动,增加胃肠有益菌群。驱虫健胃期间需要对牛群多加观察,发现问题及时进行隔离与治疗,一般经过 20 天左右可以进入育肥阶段。

(4)育肥方法:瘦弱老牛一般饲养水平较差,如果直接增加饲料营养水平和饲喂量可能造成瘤胃积食、瘤胃鼓胀等消化问题,应先从低营养水平逐渐增加精料喂量,一般通过 10~15 天将精料增加至日粮总量的 40%左右,然后按照此营养水平饲喂 1 个月后再将精料增加至日粮总量的 50%~60%,高营养水平继续育肥 1~1.5 个月可以达到出栏要求。但高营养水平下牛容易出现消化问题和酸中毒,因此必须在日粮中添加 1%~1.5%碳酸氢钠中和饲料酸性。

(5)出栏时间:一般犊牛需要育肥 8~12 月可以出栏,而瘦弱老牛只需要育肥 3 个月左右可以出栏,因为瘦弱老牛骨架已经定型,只是肌肉、脂肪较少,通过短期强度育肥便可以达到增肥增重的目的,一旦膘情上来再喂也难以继续增重,可根据瘦弱老牛的膘情合理选择出栏时间。

19.育肥牛后期是否需要豆粕?

肉牛育肥后期以沉积脂肪为主,主要提供能量饲料,但不能大幅降低豆粕喂量,因为一是育肥后期仍会长肌肉,而肌肉的生长也需要大量蛋白质,二是蛋白质还是细胞组织的重要组成部分,即便育肥牛后期仍需要大量蛋白质,一旦蛋白质饲料供应不足便会影响育肥牛的正常生长及健康。

20.养牛专业育肥和自繁自育哪个好?

(1)专业育肥的优缺点

优点

①周期短:只要前期准备工作(圈舍、资金、草料、人员等)做

好,每年可以出栏 2~3 批育肥牛,资金回笼较快。

②盈利时间短:因为养殖周期短,所以育肥牛基本可以实现当年投资当年收益。相反自繁自育收益过程会比较长,基本会跨年度。

③养殖时间自由调整:育肥牛出栏后,养殖户可以根据季节选择,购置下一批架子牛来育肥。

缺点

①局限性:牛源不方便,如果当地没有好的牛源,就需要异地购买。异地购买的不利因素:一是增加购买和运输成本,二是发病率高。

②易错过行情:育肥牛出栏的时间是有限制的,也许这批牛出栏时正好赶上行情不好,但又不能过分压栏;而行情好时又没有合适的牛出栏。这些情况就造成了养殖收益低。

③疫情复杂:因为育肥牛大都是异地育肥,疫病情况复杂;再加上长途运输应激等情况,很容易造成购进的牛感染多种疫病,影响收益。

(2)自繁自育的优缺点

优点

①疫情易控制:牛犊从出生到出栏一直在同一养牛场,不与外界牛接触,疫病种类相对稳定,只要做好防疫将不会发生较大疫情。同时无运输应激、饲料过渡、环境应激等,会减少疫病发生。

②效益稳定:自繁自育节省了购买和运输犊牛的成本,没有运输损伤、应激等附加成本,而且犊牛价格上涨不会影响养殖效益,自繁自育的养牛户基本每个月都会有出栏,不会错过行情。

③犊牛质量可靠:自繁自育可以保证品种质量,易保留优质的

犊牛,同时可以制订出合适灵活的饲养方案,同时避免外地购牛的风险。

④繁育补贴:目前国内多个地区都设有繁育牛见犊补贴,可以为养牛户节省部分成本。

缺点

①配种难:母牛养殖数量较少,营养缺乏或日粮不能合理搭配的情况下,发情症状不明显或产后不发情,另外,配种员人工授精技术不熟练,母牛不能及时受孕,配种将成为一大难题。

②周期长:自繁自育周期较长,需要较长时间才能看到效益。青年母牛,配种后需要 9.5 个月产犊,犊牛需要饲喂 1.5~2 年才能出栏,需要 2.5 年以上才能见到效益。当然第一胎过后,效益周期将会变为 1 年多。

③资金压力大:除周期长外,自繁自育资金压力较大。一头优秀青年母牛成本价格在 1 万元以上,2.5 年见效益,母牛需要饲养成本 5 000 元左右,犊牛到出栏需要饲养成本 5 000 元左右。计算母牛成本、饲料成本超过 2 万元,加上圈舍、人工等成本,一头母牛需要准备 3 万元的饲养成本。

21.冬季育肥牛有哪些管理措施?

(1)注意保温:牛舍保温性能好,不漏雨、不透风,地面不潮湿、清洁卫生,室温保持在 10~15℃之间。

(2)牛舍通风:由于冬季暖棚牛舍封闭严密,舍内外温差大,加之牛呼吸散热、排泄粪尿等原因造成舍内湿度大,氨、二氧化碳、甲烷、硫化氢等有害气体含量过高,影响牛的正常生长发育。因此,牛舍必须及时进行通风换气。

(3)卫生清洁:要保持暖棚牛舍的卫生,才能保障肉牛的正常生长发育。及时清除牛粪和饲槽。每月进行一次圈舍消毒。

（4）科学饲喂：饲料是育肥牛增膘长肉的物质基础，必须合理搭配粗饲料和精饲料，调配日粮，且要少喂、勤添，每次采食时间1h左右，不要使牛吃的过饱，使牛在每次饲喂时都保持旺盛的食欲，以提高饲料的利用率。

（5）供足温水：冬季，要供给新鲜、充足、清洁的饮水。饮水不足，不但影响牛采食，也影响牛对饲料的消化和利用，供给的温水要卫生，温度在15~25℃之间。

（6）常晒太阳：在天气晴朗时，要把牛赶出舍外晒太阳，同时要刷拭牛体，即可预防皮肤病和体外寄生虫病的发生，还可以促进血液循环，增强牛对寒冷的抵抗力，对肉牛增膘极为有利。

22.养殖育肥牛如何进行料槽评分?

在养殖育肥肉牛过程中，饲喂成本占到总成本的70%以上，因此饲喂技术的提升和成本控制对于养殖场效益的提升至关重要。

传统的中小型养殖场，采用限制饲喂。例如，每天投喂2次，每次投喂1~2h后牛就会采食完，因此空槽时间在18h以上。从牛的表现上看，当投喂饲料时，牛只异常兴奋，追逐料车。显然，这样的方法限制了牛的采食量和生长速度。

大型养殖场采用自由采食管理方式，剩料控制在3%~5%。这种模式有两个弊端。

（1）造成浪费。肉牛场的剩料清除会造成巨大浪费,若不清除,则会影响日粮品质,进而造成采食量下降。

（2）若育肥日粮采用的是高精日粮,容易造成酸中毒等代谢问题,导致采食量有较大变异。

料槽评分系统

种类	大量剩料（Inventory）	零星剩料（Crumb）	湿料槽（Wet）	干料槽（Dry）
特征描述	料槽中有大量均匀的剩料	料槽中有少量均匀剩料,如果只剩下少量拒食的秸秆不属于这类	料槽可见舔过的痕迹,牛吃了它们需要吃到的量,刚刚采食干净不久	料槽无剩料,牛处于饥饿状态,很早之前就吃干净了
典型照片				

怎么做料槽评分?

（1）时间和顺序很重要

一般建议在早上饲喂之前的 0.5~1h 去做料槽评分,而且是对所有的料槽按照饲喂顺序去做。

①第一种"大量剩料",显然是不正常的,要去观察牛采食量突然下降的原因,同时减少投料量。

②第二种"零星剩料",可能前一天的饲喂量稍微多了一点,要适当减少当天的饲喂量。

③第三种"干料槽",说明牛很早之前就采食完了所有的饲料,饲料量投放不够,要加大饲喂量。

④理想的状态是"湿料槽",它意味着牛刚刚吃完所有的饲料,处于适宜的状态。

（2）做好评分,调整饲喂量

①肉牛营养物质中采食量对增重的影响占 70%，而配方营养浓度只占 30%。若采食量不足,其能量和蛋白质摄入量就不足,就会影响增重情况。

②料槽评分是管理采食量的很好工具，小型养殖者要根据牛的采食情况及时加料，大型养殖场要使用料槽评分系统对投喂量进行管理。

23.肉牛育肥何时出栏?

（1）从采食量判断:肉牛对饲料的采食量与其体重相关,一是每天的绝对采食量一般是随着育肥期时间的增加而下降，如果下降达正常量的 1/3 或以上时,可考虑结束育肥;二是按活重计算的采食量(干物质)低于活重的 1.5%时,可认为达到了育肥的最佳结束期。

（2）用育肥度指数判断:育肥度指数=体重/体高×100%。一般指数越大,育肥度越好。当指数达到 100%~450%,就可出栏,结束育肥。

（3）从体型外貌判断:主要是判断几个重要部位的脂肪沉积程度。用手握胁部皮紧,手压腰背部有厚实感,或握住耳根和尾部有脂肪触感,可以判定全身已经形成皮下脂肪,说明肌肉已形成大理石花纹,应该适时出栏;或当腰背部脂肪较多,肋腹部、坐骨端沉积的脂肪较厚实,臀部丰满,尾根两侧看到明显突起变圆,即已达到最佳育肥结束期。

（4）依市场判断:如果牛育肥已有一段较长的时间,或接近预定的育肥结束期,且又赶上节假日牛肉旺销,价格较高,可结束育肥,送入肉牛屠宰场,以获取较好的经济效益。

第五篇　繁育母牛篇

1.育成母牛饲养技术要点有哪些?

育成母牛以优质粗饲料为主,定时饲喂,自由采食。根据粗饲料质量酌情补充精料,注意维生素与矿物质的补充,保持牛体膘情适中,防止过肥或过瘦。

(1)7~12月龄:粗饲料占日粮干物质60%~70%,每头每日青贮料给量10~15kg,干草(或秸秆)1.5~2.0kg,精料1.5~2.5kg,平均日增重0.7kg以上。

(2)13~18月龄:粗饲料占日粮干物质60%~80%,每头每日青贮料给量15~20kg,干草(或秸秆)2.0~2.5kg,精料1.0~2.0kg,平均日增重0.5kg以上。

2.育成母牛管理要点有哪些?

(1)育成母牛按7~12月龄和13~18月龄分群管理,群内个体间年龄相差在2个月以内,体重相差在50kg以内,避免以强欺弱,以大欺小的情况出现。

(2)合理安排饲喂、饮水、刷拭、打扫卫生、运动、休息等工作日程,一切生产作业必须在规定时间完成,饲喂时间不应轻易变动。

(3)育成牛定期进行体尺测量和称重,根据体重和体尺发育情况,及时调整饲养方案中不当之处。

(4)坚持每天刷拭牛体,每天驱赶运动2h以上,12月龄后每天按摩一次乳房,但严禁试挤乳头。

(5)记录每头牛的初情期,对长期不发情的牛,请人工授精员和兽医检查,及时诊治。到13~14月龄,体重达350kg以上开始配种,妊娠后转到初孕母牛进行管理。

3.繁育母牛妊娠期如何饲养?

(1)妊娠早期:以优质粗饲料为主,精饲料为辅,此阶段一般按1.5~2.0kg/d补饲混合精料。妊娠18~21天,没有发情表现,判断妊娠准确率80%。

(2)妊娠中期:逐渐增加精饲料饲喂量,多饲喂蛋白质含量高的饲料,此阶段1.5~2.5kg/d补饲混合精料。一般直肠检查。

(3)妊娠后期:增加精饲料饲喂量,多饲喂蛋白质含量高的饲料,此阶段2.0~3.0kg/d补饲混合精料,分娩前1周内减精料一半。

(4)产犊期:根据母牛膘情和粗饲料品质通常给3~4kg/d,分娩后2周内,母牛体质较弱,生理机能差,可自由采食优质青干草,补给少量的精饲料,精饲料最高给予量不要超过4kg/d。

4.繁殖母牛为什么不能膘情太好?

繁殖母牛的"产品"是优质犊牛,在饲养、管理、营养和免疫程序都不同于育肥牛。

养殖场可通过调整母牛精料的饲喂来控制母牛的膘情，但精料的配制一定要科学，繁殖母牛所需的各类营养物质不能省，除玉米外，饼粕类、麦麸、微量元素和繁殖母牛预混料一个都不能少。

若母牛膘情很好，但由于日粮中长期缺乏微量元素、维生素、氨基酸、矿物质等营养物质，就会存在母牛流产、难产、产程过长、产后感染、发情不正常、初生犊牛腹泻、犊牛死亡率高、母牛子宫脱、母牛使用年限过短等问题。母牛膘情中等偏上有利于提高受胎率。生产中应根据品种、生理阶段和生产性能等状况合理搭配饲料，满足营养需要。

(1)如果能量和蛋白质不足，青年牛生长缓慢，初情期及适配年龄推迟，降低受胎率，怀孕期自身减重，犊牛初生重小，生长慢，抗病力弱。

(2)缺钙主要影响骨骼，产后瘫痪、泌乳量下降。

(3)磷摄入量不足影响能量的利用，导致初情期推迟，只排卵不发情，甚至影响周期停止，同时受胎率低，分娩困难，产生弱胎、死胎。日粮中正常钙磷比为 1.5~2:1。

(4)维生素 A、维生素 D、维生素 E、铁、锌、铜、锰、硒、钴、碘等与繁殖力的关系十分密切，如营养水平过高，同样会造成不良后果。

5.为什么母牛配种后流乳白色黏液?

很多母牛配种后都会流乳白色黏液，这类母牛多存在轻微的子宫炎症，若可以正常受孕可不用管，如果屡配不孕则需要子宫灌药冲洗消炎，可用生理盐水 3 000~5 000mL 加入青霉素 400 万国际单位，每天冲洗 1 次，连续冲洗 3~5 天即可。

6.母牛发情不明显的表现有哪些?

母牛发情不明显症状:不叫唤、不爬跨、精神无异常等，占适龄母牛的 5%，如果不注意仔细观察，常错过其配种机会造成母牛空怀，从而降低了母牛的繁殖率，加大了养牛成本。具体表现如下。

（1）在正常饲养情况下，母牛采食量与饮水量减少。

（2）母牛出现"闹栏"现象（好像要出走的样子）。

（3）其阴户出现浮肿。

（4）母牛愿意靠近公牛或有爬跨行为。

（5）母牛阴户有"垂丝"（即有较细的黏液从其阴户流出）。

7.母牛产后不发情的原因是什么？

母牛产后在 2~3 月大多数会正常发情，然后进行适时配种就可以受孕，但也有少数在产后 5~6 月仍然不见发情或是发情正常但出现屡配不孕，称为不孕病，占整个牛群的 15%~20%，病因主要有以下几方面。

（1）传染性疾病

有布氏杆菌病、结核病、滴虫病阴道炎等。但在生产中多见布氏杆菌病，本病的潜伏期为 2 周至 6 个月，妊娠母牛发生流产、胎衣不下、生殖器官及胎膜发炎，发生流产的母牛多在怀孕 5~7 月，母牛流产后伴发胎衣不下或子宫炎，若是处理不及时可能继发慢性子宫炎,最后引起不孕。主要依靠"变态反应"来诊断此病,对于检测的阳性病牛要隔离饲养,继续利用,逐步淘汰,从而尽可能减少不孕病牛的发生。在预防上每年都定期进行疫苗注射,常用的疫苗有布氏杆菌 19 号弱毒菌苗、布氏杆菌羊型 5 号弱毒菌苗。

（2）非传染性病因

有子宫内膜炎、卵巢囊肿、卵巢炎、输卵管炎等。

子宫内膜炎为常见疾病,是造成不孕病的重要原因之一。本病多由细菌、真菌、支原体混合感染造成。症状是屡配不孕,发情时流出的黏液混浊,有时带脓性分泌物。诊断主要根据直肠检查子宫的变化情况而确定。

子宫内膜炎根据炎症的程度,用不同的冲洗液进行治疗,常用的冲洗液有 0.1%~0.2%雷佛诺尔、0.05%洗必泰、0.05%新洁尔灭、青霉素链霉素合剂（青霉素 160 万单位、链霉素 1g 溶于 100mL 生理盐水）等。当子宫内膜有出血时,可用 1%明矾或 1%~3%鞣酸冷溶液冲洗,对顽固慢性子宫内膜炎可用 1%鱼石脂溶液或 0.5%~1%碘溶液冲洗。不论采用何种溶液冲洗,容量不能过大,一般是 500~1 000mL。冲洗后要按摩子宫,尽量使蓄积在子宫腔内的液体排出。开始 2~3 天每天可冲洗 1 次,以后每隔 1 天冲洗 1 次。采用这种方法治疗对子宫的复原会有很好的效果。

卵泡囊肿:本病因内分泌机能紊乱、饲养管理不当、气温变化等许多因素引起。一般发情表现都比较明显而频繁,发展到严重阶段时,病牛约有 1/4 表现为"慕雄狂",即性欲特别旺盛,极度不安,常爬跨其他母牛。直肠检查卵巢肿大,在一侧卵巢或两侧卵巢上有一个或多个囊肿的卵泡。本病可肌肉注射促黄体素 150~300 国际单位,一般注射后 3~6 天囊肿即形成黄体,症状消失,20~30 天恢复正常发情周期。若用药后 1 周,直肠检查变化不大,或外表症状不见好转,可第二次用药。症状明显的,一般都不可能一次治愈,在治疗过程中,可能反复出现囊肿,必须继续用药,同时加强饲养管理,直至囊肿萎缩消失。

8.为什么母牛长期不发情?

母牛长期不发情,往往影响牛群的繁殖力。在生产实践中,有些母牛长期不发情,又往往是由于营养、气候、疾病或泌乳所引起。因此,母牛长期不发情常见于营养缺乏、环境条件不当、卵巢疾病、子宫疾病的母牛;泌乳力高而又在泌乳旺季新分娩母牛。改善措施如下。

(1)改善饲养条件:由于营养对母牛的发情和排卵起着决定性的作用,其中以能量和蛋白质、矿物质、维生素都对母牛发情有很大影响。所以,在饲养方面应根据母牛的体况,长期、均衡、全面、适量地提供蛋白质、能量、维生素、矿物质等营养物质,给予科学的饲养。贫乏饲养和过度饲养都会使母牛不发情。

(2)改善环境条件:由于我国多数地区夏季炎热,冬季又寒冷。夏季高温母牛会缩短发情持续期并减少发情表现,哺乳母牛在炎热的气候下,由于肾上腺分泌了大量孕酮而造成不发情;冬季由于日照短和粗饲料中维生素含量低而造成母牛不发情,所以要使母牛发情,应为其创造理想的环境条件。这些条件是:凉爽的气候、较低的湿度、较长的日照和适量的营养。

(3)清除引起不发情的病因:子宫内膜炎或其他生殖道疾病是母牛不发情的原因之一;持久黄体是母牛不发情的原因之二;卵巢发育不全也会造成母牛不发情。实践证明:直肠按摩卵巢也有活化卵巢的作用,注射促性腺激素,能恢复卵巢功能,促进卵泡生长。其他生殖器疾病应对症医治。如皮下或肌肉注射孕马血清

1000~2000单位,并行卵巢按摩,或用5mg前列腺素溶于2mL生理盐水中,注入子宫体内,对消除持续黄体,促使母牛发情有显著疗效。

9.母牛不发情如何治疗?

青年母牛一般10~12月龄出现发情, 达到13~14月龄开始配种,分娩后35~55日龄又开始发情,配种。

不发情牛:肌肉注射前列腺素2支(0.4mg),多数牛在注射后3天左右发情,发情后12~18h输精;如果第一次注射前列腺素2支(0.4mg)不发情,间隔7~11天再次注射前列腺素2支(0.4mg);如果第二次注射前列腺素2支(0.4mg)不发情,间隔7~11天再次注射前列腺素2支(0.4mg)。

10.母牛最适宜的配种时间是什么?

(1)排卵时间:母牛的排卵均在发情结束之后,一般在发情结束后5~15小时排卵,且大多数发生在夜间。

(2)卵子保持受精能力的时间:卵子受精的地方在输卵管的1/3(壶腹部)处,过了这个部位卵子开始衰老,且卵子外表逐渐附着输卵管分泌的一种酸性蛋白质,可以防止精子穿入。卵子在输卵管可以存活12~24h或更长时间,经过较长时间后,卵子虽然仍有受精的可能,但这种卵子形成的胚胎往往会发生早期死亡。卵子通过输卵管的时间大约是4天,但通过输卵管壶腹部的速度较快,一般仅6~12h,因此,卵子保持受精能力的时间为6~12h。

(3)精子到达受精部位的时间:精子进入母牛生殖道后,仅需15min就能到达输卵管的壶腹部。精子虽然能以较短的时间到达受精部位,但到达的有效精子数一般只有几百个。因此,公牛精液品质的优劣和母牛生殖道的生理状态对受精率有极大影响。

(4)精子在母牛生殖道内保持受精能力的时间:精子在进入母牛生殖道内24~48h之间保持受精能力,精子必须在母牛的生殖道内经过"受精准备过程",这主要是精子顶体性质的变化,以使精子穿过卵子透明带时顶体可以顺利脱去,所以在排卵前配种的受胎率不一定很高。

因此,母牛适宜的配种时间应在发情末期。一般早上发情,下午配种;或下午发情,次晨配种。年老体弱的母牛,发情持续期较短,排卵较早,配种时间要适当提早。

11.母牛空怀的原因有哪些?

(1)先天性不孕:一般由于母牛生殖器官发育异常,如子宫颈位置不正、阴道狭窄、幼稚病、异性孪生的母犊和两性畸形等。在育种中淘汰那些隐性基因的携带者,就能加以解决。

(2)后天性不孕:主要是疾病和饲养管理造成,如营养缺乏(包括母牛在犊牛期的营养缺乏)、生殖器官疾病、漏配、失配、营养过剩或运动不足引起的肥胖、环境恶化(过寒、过热、空气污染、过度潮湿等)等。一般在疾病得到有效治疗、改善饲养管理条件后能克服空怀。成年母牛因饲养管理不当造成不孕,在恢复正常营养水平后,大多能够自愈。如果是在犊牛期由于营养不良导致生长发育受阻,影响生殖器官正常发育而造成的不孕,很难用饲养方法补救。

12.空怀母牛的饲养管理有哪些?

(1)重点解决后天原因:围绕提高受配率、受胎率,充分利用粗饲料,降低饲养成本。繁殖母牛在配种前应具有中上等膘情。在日常饲养管理中,若育成母牛长期饲料缺乏、营养不全、母牛瘦弱,往往导致初情期推迟,并且初产时出现难产或死胎,影响以后的繁殖力从而影响繁殖。若饲喂过多的精料而又运动不足,致使母牛过肥,同样会造成不发情或者配不上。

（2）及时配种:母牛发情,应及时配种,防止漏配和误配。对初配母牛,应加强管理,防止早配漏配。经产母牛产犊后3周要注意其发情状况,对发情不正常或不发情者,要及时采取处理措施。可以采取中药调节(催情散、益母生化散)、激素调节(氯前列稀醇、促卵泡激素、孕马血清激素等)。一般母牛产后1~3个发情期,发情排卵比较正常,随着时间的推移,犊牛体重增大,消耗增多,如果不能及时补充饲料,往往母牛膘情下降,影响发情排卵。因此,如果因营养原因产后多次错过发情期,则在发情期受胎率会越来越低。

（3）及时处理:当母牛出现空怀,应根据不同情况及时加以处理,果断淘汰老、弱、病、残母牛或确定为因先天原因造成无繁殖能力的母牛。

13.母牛分娩前有哪些症状?

（1）乳房膨大:乳房在产前15天左右开始膨大,到临产前几天可以从前面两个乳头挤出黏稠、淡黄如蜂蜜状的汁液。当能挤出乳白色的初乳时,在一两天内就会产犊。

（2）外阴部肿大:母牛怀孕后期,阴唇逐渐肿胀,变得柔软,皱褶展开,封闭子宫颈口的黏液塞开始溶化,在产犊前一两天呈透明状,从阴门流出,并垂挂在阴门外。

（3）母牛两侧臀部塌陷:母牛到怀孕后期,由于骨盆腔内的血管中血流量增多,使静脉瘀血,毛细血管扩张,血液渗出血管外,浸润周围组织,使骨盆部韧带软化松弛,因此两侧臀部塌陷。到临产前一两天,尾根两侧的肌肉明显塌陷,这是临产的预兆。

（4）母牛表现明显不安:子宫颈开始扩张,子宫开始发生阵缩,母牛时起时卧,频频排粪排尿,头不断向后看腹部,来回走动,甚感不安。这些表现预示着牛犊即将出生。

14.母牛屡配不孕的原因有哪些?

屡配不孕指生殖器官正常、性周期正常和发情正常、体况健壮,但是连续配种 3 次以上都不受孕的母牛,而且屡配不孕母牛的受胎率仅为 10%~15%,造成不孕的原因主要因为受精障碍和胚胎早期死亡所致,这种繁殖障碍,大致分为以下几种。

(1)性周期正常:母牛的性周期正常,但受精过程受阻,即精子运行异常、生存异常、卵子异常和输卵管环境不良等。

(2)性周期变长:母牛的性周期变长,例如性周期延长 1~2 周,主要是胚胎早期死亡的缘故。胚胎早期死亡常发生在输精后 16~34 天,这一时期是胚体迅速发育、分化时期,由于子宫以乳营养为主,所以胚体死亡的直接因素是子宫环境不适。虽然遗传、营养、误用药物、生殖器官疾病以及内分泌失调等也可导致早期胚胎的死亡,且外界温度偏高也是引起胚胎死亡的重要因素,但对子宫环境,特别是子宫炎症引起的早期胚胎死亡,是不可忽略的直接原因。在这种情况下输精时,用抗生素进行处理,可以起到明显的预防效果。

(3)子宫机能衰退:老龄母牛,超过 10 岁时,在正常饲养管理条件下,发情、排卵、受精正常,但往往出现胚体或胎儿死亡、流产增多,这是子宫机能减退的缘故。

15.为什么以下这类母牛必须淘汰?

(1)母牛不孕症:对患有不孕症的母牛进行冲洗、消炎或促进排卵,可能会改善这种情况,但大部分是屡配不孕,若母牛连配 3~5 次还是配不上,就直接淘汰。

(2)母性不好、奶水不足:若母牛在营养补充全面、充足的情况下,连续两胎都出现奶水不足,且每个胎次都发生乳房炎,就可以直接淘汰。

（3）阴脱:若母牛发生阴脱,产下的犊牛后发生此病的几率高达 80% 以上,而且这种情况难产的几率也很大,甚至严重的母牛、犊牛都不能保证存活,若不是很严重,生下犊牛后再淘汰。

（4）布病母牛:主要症状是流产,且易发生乳房炎、子宫炎、胎衣不下等疾病。若发现母牛有流产时,一定要检查是否患有布病,另外,对新产牛以及布病高发区的牛场一年做 2~3 次布病筛查,提前做好防范措施,若诊断是布病阳性,就直接淘汰。

16.母牛的生理阶段有哪些?

（1）性成熟:母牛生长发育到一定阶段,生殖器官已发育成熟,具有繁殖能力,叫做性成熟。牛的性成熟年龄,因品种、饲养管理、气候条件、营养状况和生长发育情况等而有所不同。一般,母牛 8~12 月龄达到性成熟,初配年龄为 13~14 月龄,其体重达到成年体重的 65%~70% 为宜,过早会影响本身发育,但也不应过迟,否则会减少母牛一生的产犊头数,降低母牛的利用年限。

（2）发情周期（又叫性周期）:从这一次发情开始到下一次发情开始的间隔时间,叫做发情周期。母牛的发情周期平均为 21 天,范围为 18~24 天,一般青年母牛比经产母牛要短。母牛发情时,身体内部、外部发生一系列的生理变化,根据这些变化,发情可分为 4 个时期。

①发情前期:母牛生殖腺体活动加强,分泌物增加,但还看不到阴道中有黏液排出,还没有性欲表现。

②发情期:母牛表现出强烈的性兴奋,生殖道明显充血,阴唇肿胀,子宫颈口开张,腺体活动增强,从阴道中排出黏液。如果卵子受

精,即母牛妊娠后,发情周期就停止了,直到分娩后重新出现发情周期。若卵子没有受精就转入发情后期。

③发情后期:排卵后卵巢内黄体形成,发情表现消失而恢复原状。

④休情期:又叫间情期,从上次发情后到下一次发情开始之前的一段时间,性器官没有变化,没有性活动,生理上处于相对的静止状态。

(3)发情持续期:从母牛外部有发情表现开始到外部发情表现结束的一段时间称为发情持续期。母牛发情持续时间因年龄、营养状况和季节变化等不同而有长短,一般为18h,范围6~36h。母牛的排卵时间是在发情结束后12~15h,这是选择授精时间的关键,应及时通知配种人员,确保配种成功。

17.母牛难产时助产方法有哪些?

(1)子宫颈狭窄:指子宫颈扩张不全,将手用力缓慢地从阴道进入,从而对子宫颈口进行刺激,强行使子宫颈进行扩张,胎儿的两前肢及下颌部用产科绳套紧,然后轻轻地拉动产科绳促进母牛阵缩,随着母牛的努责,使劲拉出胎儿。但在牵拉胎儿时要慢,避免造成生殖道损伤而出血,然后在子宫颈口处灌注45℃的生理盐水,子宫颈狭窄部涂局部麻醉药5%~10%的可卡因。

(2)阴道狭窄:首先用润滑油或温肥皂水灌到产道内,注意液体用量要大,手放在胎儿与阴道壁之间,然后采取正常的助产方法对难产母牛实施助产措施。若上述措施不见效,可以采用隐刃刀切开狭窄部,拉出胎儿,一定要止血。

(3)骨盆狭窄:若母牛腹内的胎儿正常或偏小,首先可以将大量润滑剂灌注到产道内,牵拉胎儿的前肢,使其向最宽部倾斜。当其一端进入产道后,再拉后肢,产出胎儿。若这种方法没有效果,可实施剖腹产手术。

（4）子宫扭转:采用翻转母体法,地面铺较厚垫草,母牛横卧,将两侧前后肢分别斜向固定,即在膝关节上方将某一侧前肢经母牛背部与另一侧后肢用软绳固定抽紧,使斜对侧的前后肢均屈曲于腹下时固定。用同样的方法固定另一斜对侧的前后肢。翻动的方向根据子宫向哪一侧扭转而定。

（5）胎儿过大:产道内灌注润滑油或微温肥皂水,用产科绳分别缚住两前肢的膝关节及下颌部,交替拉动;如果胎儿已死,可用产科钩钩住胎儿眼眶或下颌,但必须同时用手保护产道;如无效,则进行切胎术和剖腹取胎术。

（6）头向下弯:与头颈侧弯相同,先将头部拉直。如果矫正很困难,可先将一肢或两肢推回子宫,成屈曲状态,使头部有活动的余地,将胎头拉入骨盆腔,尽量拉出子宫颈口,然后拉正两肢,按正常助产方法拉出胎儿。

（7）关节屈曲

①腕关节屈曲:将消毒的产科绳缚住正常的膝关节处和下颌。用手或产科绳尽量将胎儿推回子宫内,术者用手握住屈曲的蹄部,尽量向上拉,使之伸直。如果很紧,可用产科绳先套住弯曲肢的蹄部,助手协助拉直,用正常助产方法进行助产。

②肩关节屈曲:手伸入产道,握住屈曲肢的前臂下端,向骨盆腔拉动,同时用产科绳将胎儿推入子宫,使之先成为腕关节屈曲,然后按腕关节屈曲矫正方法进行矫正。

③跗关节屈曲:先用产科绳顶在尾根与坐骨端之间的凹陷内,尽量将胎儿推入子宫内。术者手握住跗关节下方,屈曲膝关节和髋

关节,尽量向上向前推动跗关节,随后手沿跗骨下移,引入骨盆腔内,将后肢拉直,然后按正常助产进行。

（8）胎儿位置不正

①胎儿下位:可在露出阴门外的胎儿两肢间插入一根短木棒,一起用绳子缚牢。术者双手握住木棒两端,捻转胎儿180°使之变为上胎位,然后进行助产。如无效,可使母牛左侧横卧,腰荐硬膜外腔麻醉,子宫内灌注大量润滑油或肥皂水,然后尽量将胎儿推回子宫,并使一前肢变为腕关节屈曲。术者牢牢紧握屈曲肢的掌部加以固定。助手迅速翻转母体,使其呈侧位或上胎位,进行助产。

②胎儿横向:在骨盆腔内,用手尽可能握住四肢中的一肢,用产科绳套住其膝关节处,然后交给助手固定;术者再用产科绳或手推动胎儿,使其成为倒生侧位或正生侧位,然后按侧位的矫正方法助产。

③胎儿侧位:正生侧位可将胎儿向内推一点,术者用手伸入产道,将胎头和肩部上抬,同时扭转两肢可获成功。倒生侧位可以直接拉引胎儿,胎儿两肢伸出产道后,在两腿间夹入一木棒,待胎儿髋结节出产道时,扭动木棒使胎儿成为上位后,即可拉出胎儿。

18.母牛产犊后处理要哪"三热"?

母牛产犊后,体能明显下降,抵抗力降低,母牛出现生理性病态。犊牛产出、腹压小、肚子里很空虚,产后的母牛异常疲劳,需要给予充分的休息,特别对产后的母牛处理要"三热"。

（1）母牛产犊后的两胁、乳房、腹部、后躯和尾部等部位的脏污处进行清洗,不能用冷水,要用温水洗净,再用干净的热毛巾擦干。清除粪便和污染的垫草,切忌让牛躺卧在阴冷潮湿的凉地上,要在牛体下面铺上一层清洁、干净、厚厚的垫草。

（2）产犊后的母牛消耗体力大,牛体虚弱,容易口渴,但不能让其随意喝冷水,如让牛喝冷水,会使牛体温度骤降,失去正常体温的良好环境,就很容易出现感冒、发烧。还由于冷水会使子宫内的胎衣停滞,带来更大的损害,所以不能让产后的母牛喝冷水。正确的做法是必须让产后的母牛休息 30min 左右, 再给牛饮接近体温的温水,可连饮 7 天,再逐渐改饮冷水。

（3）母牛产后 40~60min 开始少挤奶。挤奶前要用温水洗净手,防止手凉和不洁。并用热水擦洗乳房,能使乳房血管扩展,加快血液循环,从而降低了母牛因分娩疲劳而形成的超负荷张力,减少肌肉中酸性物质的积累,促进新陈代谢,刺激神经末梢,抑制大脑兴奋,使牛得到了充分休息,尽快恢复体力,以缓解牛产后生理性病态。

19.怀孕母牛是否可以驱虫?

母牛可在配种前 20~30 天驱虫 1 次,可采用伊维菌素拌料内服联合驱虫,一旦配种受孕应尽可能避免驱虫药物的使用。若母牛怀孕后有寄生虫,则要避开怀孕前 45 天和临产前 30 天驱虫,因为这两个时间内胎儿对驱虫药物较为敏感,怀孕前期容易影响胎儿的发育或造成流产,临产前容易使母牛出现早产或产弱犊。

驱虫药物一定要严格按照说明用量或在职业兽医师指导下进行,不可超过说明用量的 1.2 倍,因为超量使用极容易使怀孕母牛出现中毒,影响母牛及胎儿的健康。使用时还需坚持先小群试验再大群用药的原则,试验牛没有问题的情况下,再全群用药,避免药物原因或剂量原因使牛群全部出现问题。驱虫期间,一定要及时清理粪污,并对牛舍内外、墙体及饲槽等进行严格消毒,避免环境中的寄生虫或虫卵对牛造成再次感染。若母牛妊娠期感染寄生虫需要驱虫,应尽量避免妊娠前期和临产前两个阶段,同时应采用毒性较小的驱虫药物和严格掌控药物用量。

20.母牛发情鉴定的方法有哪些?

发情鉴定是采用综合技术,判断母牛的发情阶段,确定最佳的配种时间,以便及时进行人工授精,达到最大限度地提高配种受胎率的目的。发情鉴定方法有外部观察法、试情法、阴道检查法、直肠检查法和超声波法等。最常用的方法是外部观察法:母牛发情时表现兴奋不安,对外界环境的变化反应敏感,东张西望,食欲减退或不吃东西,有时鸣叫,追寻公牛,爬跨其他牛,并接受其他牛爬跨。当其他牛爬跨时,母牛两后肢开张,举尾拱背,频频排尿。外阴部肿胀,从阴道流出黏液;发情高潮时黏液量多,稀薄透明,随着发情时间的延长,黏液量逐渐减少,变稠而浑浊。此时母牛卧下,黏液沾在尾巴上,使尾巴上沾有许多泥沙;发情末期有时黏液中带有少量血丝,这在青年牛多见。有少数母牛于发情之后,卧地时从阴门流出少量暗红色的液体,称为"牛月经"。有少数牛发情时没有明显的外部变化,即发情症状不明显,称为"暗发情"或"安静发情"。识别暗发情有以下办法:要仔细观察母牛群,因为发情母牛出现阴门肿胀,只是每头牛肿胀程度不同,或多或少都要流出黏液;可根据繁殖记录,预测母牛发情;也可用"牛月经"追查暗发情的母牛;在母牛群中放入去势公牛寻找暗发情的母牛等,以防止发生漏配。另外,少数母牛妊娠之后仍有发情的表现,称为"假发情"。牛群中有3%~5%的母牛表现假发情,要注意鉴别,不要发生错配造成流产。鉴别方法:一般假发情的牛,发情症状表现不强烈,持续时间短,阴门肿胀不明显,黏液量不多或没有黏液。母牛外阴部肿胀,有黏液,爬跨其他牛,并接受其他牛爬跨,这是母牛发情的明显标志;母牛外阴肿胀消失,又出现皱褶,由接受爬跨又回到拒绝爬跨,这是发情外部表现结束的标志。两者差别十分明显,技术员应当每天早晚两次深入到母牛群中观察,并和饲养员密切配合,作好发情鉴定工作。

一般采用问、看、查、摸相结合的方法。

问:询问牛主,开始发情时间及发情过程等情况。

看:观察发情母牛外部表现。

查:检查阴道黏膜充血和宫颈外口充血及开张情况。

摸:通过直肠触摸卵巢上卵泡发育变化的程度,以此推算母牛发情排卵时间并确定输精的最适时间。卵泡发育过程是进行性的变化,由小到大,由硬到软,由无波动到有波动,由无弹性到有弹性。发情后期卵泡壁变薄而紧张,有一触即破之感,持续4~8h即可排卵,排卵后10h左右开始形成黄体。

21.母牛分娩后如何护理?

(1)及时喂饮盐水麸皮汤:母牛分娩后体质虚弱,且体内的水分、盐分和糖分损失较大,为缓解母牛分娩后的虚弱,并补充水分、盐分和糖分,有利于母牛泌乳,母牛产后,应及时给予喂饮盐水麸皮汤,可用麸皮1 500~2 000g、食盐50~100g、红糖500~1 000g,加适量的温水调匀,给母牛饮用。同时,给母牛喂以优质的燕麦草或羊草,及时清除牛舍内的污物,换以干净柔软的垫草,让母牛得到充分的休息。

(2)及时清除胎衣:母牛产后排出的胎衣应及时清除,为防止母牛产后胎衣不下,可在母牛分娩时,接留部分羊水给分娩后的母牛饮用,有利于胎衣的排出,如母牛分娩后胎衣在体内滞留24h以上,则应及时进行手术剥离,以免胎衣滞留过久引发母牛子宫炎或子宫内膜炎疾病。

（3）适时排净恶露：母牛产后排出恶露是正常现象,一般产后第一天排出的恶露呈血样,此后由于母体子宫自身的净化能力,到7~8天后即逐渐转变为透明样的黏液,15~18天后恶露即会排除干净,并恢复正常,在正常情况下,一般不必采取治疗措施,如母牛排出的恶露呈灰褐色,气味恶臭,且超过20天以后仍然恶露排出不净,则有必要进行直肠检查或阴道检查,追查病因,并用消炎药液对母牛子宫进行冲洗,从而消除恶露,促进母牛恢复正常。

22. 影响母牛"三率"的原因有哪些?

母牛"三率"指母牛受配率、受胎率和产犊成活率。影响母牛"三率"的原因如下:

（1）母牛膘情差:膘情是母牛发情的基础,膘情好坏直接关系到受配率的高低。根据调查统计,母牛五成膘发情率占19.6%,六成膘发情率为40.8%,七成膘以上发情率为92%。

（2）母牛缺乏维生素E:维生素E是母牛维持正常繁殖和健康所必需的营养物质。母牛体内缺乏维生素E是引起胚胎早期死亡的重要原因之一。随着母牛产奶量的增加,仅靠日粮中的饲料是不能满足母牛体内所需的活性维生素E,需要额外补充。

（3）患有产科疾病:母牛产科疾病种类很多,常见的有子宫内膜炎、阴道炎、卵巢囊肿等。

（4）犊牛哺乳期长:母牛产犊后,犊牛吃奶时间长,有的长达6月龄以上。由于哺乳的反射作用,促乳素抑制促性腺激素的分泌,导致空怀期延长。

23.如何提高母牛受配率?

（1）加强饲养管理:受配率低的主要原因是母牛不发情,要提高受配率,就必须加强饲养管理。为母牛提供全价营养的平衡日粮,做好母牛饲养环境管理,夏天有防暑简易棚,冬天有保温舍,把母牛膘情提高到七成膘以上,提倡抓膘促情。

(2)对产后母牛清洗子宫:清洗产后母牛子宫对预防产后胎衣不下和继发产后子宫疾病起着重要的作用。冲洗液可用土霉素粉3~4g,用0.9%生理盐水500~1 000mL稀释,分批灌入子宫,直到冲洗液透明为止。

(3)及时治疗产科疾病:凡是有产科疾病的母牛,不及时治疗就很难配种。一旦查明原因,稍加治疗便可恢复繁殖能力。如子宫内膜炎、阴道炎等,经清洗子宫和注入抗生素消炎,很快即可治愈。而对卵巢机能不足的乏情母牛,经子宫颈内注射0.5%新斯的明2mL/次,注射3次,间隔24h,并在第2次注射时,同时注入孕马血清促性腺激素1 000国际单位,此法可使80%以上乏情母牛卵巢机能恢复正常。

(4)实行药物催情:对那些泌乳时间长和长期不发情的母牛,用孕马血清或三合激素催情。实践证明,药物催情率可达70%以上。

(5)早期隔离犊牛:母牛产犊后,待犊牛哺乳7~10日龄后,实行母子隔离,分栏饲养。此法可促使母牛提前发情。

24.如何提高母牛受胎率?

母牛受胎率低的原因很多,如营养(日粮搭配不合理,矿物质、维生素缺乏)、生理、管理、环境等,具体措施如下。

(1)熟悉发情规律:青年母牛生长到8~10月龄达到性成熟,13~14月龄就可以配种。只有掌握母牛的发情规律和配种时机,才能保证母牛排出的卵子和人工授精输入的精子在生命力最强的时间内结合,提高受精机会。

（2）掌握输精部位：输精一般采取直肠把握子宫颈输精法，通过直肠把握住子宫颈，可以准确地将精液通过输精器直接输到卵泡发育的一侧子宫角部位内，有利于精子与卵子的结合。

（3）搞好复查补配：有些母牛由于营养或管理因素，第一个发情期没有配准，一定要将输过精的母牛做好记录，按时进行妊娠诊断，发现未妊娠母牛，查明原因，及时复配，只有这样受胎率才能提高。

25.如何提高母牛产犊成活率?

（1）促使母牛白天产犊：母牛产犊多数在夜间，照料不周会使牛产犊时间过长、产道感染、生殖道损伤等，同时也造成新生犊牛假死、虚弱或发生感冒等症状。实践证明，让母牛夜间采食，可促使其白天产犊。目前，普遍做法是让妊娠母牛最后1个月尽量在夜间采食，可促使70%以上母牛在白天产犊。白天产犊便于观察，有利于助产，减少母牛产科病，提高产犊成活率。

（2）实行药物保胎：对正常母牛配种后肌肉注射维生素 E 500mg 或在输精后再将 0.5%新斯的明 2mL 注入子宫颈内，可有效地保证母牛受胎和保胎。

（3）准确推算预产期：及时将母牛转入产房，临产时要昼夜有人看护，分娩时，先用温水和来苏儿对母牛外阴部清洗、消毒，用湿布擦干后躯，等候犊牛产出，一般母牛都能自行产出，不必助产。而当胎位不正导致犊牛不能自行产出时，可进行人工助产。

（4）加强犊牛培育：对产后犊牛要精心护理，按时饲喂初乳、常乳或代乳粉、开食料等，保证犊牛正常发育。

26.如何提高患病母牛受胎率?

母牛健康有问题，生殖系统如子宫、卵巢疾患；发情周期不正常,精液品质差、输精方式和操作不正确不熟练等。减少母牛不孕症,提高受胎率,应视其病因采取相应措施。

(1)卵巢机能不全的母牛:肌注 0.5% 新斯的明 2mL,连注 3 次,每次间隔 48h。第 3 次可同时注射孕马血清 1 000 国际单位,82.4% 的母牛可恢复机能。

(2)隐性子宫内膜炎的母牛:在发情配种前 2h,用生理盐水 200~500mL 冲洗子宫之后,注入青霉素 40 万~100 万单位,链霉素 100 万单位,再适时输精,受胎率可达 60% 以上。

(3)子宫内膜炎的母牛:50%~70% 葡萄糖溶液加入青霉素和链霉素 100 万~200 万单位,于人工授精 6~8h 后注入子宫体内,可提高受胎率 26%~50%。

(4)卵巢机能减退或囊肿:可连续注射油质孕酮每次 50mg,连注 6 天,再配合注射孕马血清促性腺激素 2400~3500 国际单位,能使 42% 以上的牛受胎。

(5)屡配不孕的母牛:肌肉注射促性腺激素 10mg,受胎率提高 26%。

27.怀孕母牛如何合理用药?

母牛怀孕期间进行防疫及治疗,若时间不当均可能导致其流产,即便一些药物标明孕畜可用也可能导致其流产。

(1)防疫:对养牛业危害比较大的传染性疫病主要有牛口蹄疫、牛传染性胸膜肺炎及牛巴氏杆菌病三种,应尽可能将疫苗注射时间安排在母牛空怀期,实在无法避开妊娠期的情况下则要尽量避开妊娠前期和临产前两个阶段。

(2)治疗

①怀孕母牛发生疾病用药治疗时,首先考虑药物对胚胎和胎儿

有无直接或间接的严重危害作用;其次是药物对母牛有无副作用与毒害作用。

②母牛怀孕早期用药要慎重,当发生疾病必须用药时,可选用不会引起胚胎早期死亡和致畸作用的常用药物。

③怀孕母牛用药剂量不宜过大,时间不宜过长,以免药物蓄积作用而危害胚胎和胎儿。

④怀孕母牛慎用全身麻醉药和利尿剂。禁用有直接或间接影响生殖机能的药物,如前列腺素、肾上腺皮质激素、促肾上腺皮质激素和雌激素;严禁使用子宫收缩的药物,如催产素、垂体后叶制剂、麦角制剂、氨甲酰胆碱和毛果芸香碱;使用中药时应禁用活血化瘀、行气破滞、辛热、滑利中药,如桃红、红花、乌头等;还有慎重使用云南白药、地塞米松等。

⑤必须考虑药物对胚胎和胎儿有无潜在性危害作用。为了胚胎和胎儿的安全而延误怀孕牛的治疗,反而损害母牛的健康,造成母牛与胎儿双亡现象。因此,怀孕母牛患病时应积极用药治疗,确保母体健康,力求所用药物对胚胎和胎儿无严重危害作用。

28.冬季母牛有哪些管理措施?

(1)做好防寒保暖:冬季,牛舍内的温度一般应保持在 8~17℃,温度过高会对牛产生副作用。当夜间气温降到 0℃以下时,应将牛赶入圈舍内过夜,以防冻伤或体能过多消耗。在冷空气入侵、气温突然下降时,应及时关上后窗和通风孔,搞好圈舍的保温。特别是围产期的母牛、新生犊牛、高产牛的圈舍要适当加温,保证牛舍温度在 10~15℃。

(2)调节牛舍湿度:牛全部进入圈舍后,要注意保证牛舍内通风良好,湿度不能过大,相对湿度不宜超过 55%。湿度过大,会对牛产生强烈的外界刺激,影响其生长速度,严重者还会感染一些真菌类疾病。同时,要及时清除粪尿,保持圈舍清洁干燥。

(3)饲料应多样化:进入冬季后,应及时调整饲料配比,力求多样化。在精饲料的供给方面,要增加10%~20%,用来防寒;在粗饲料方面,最好饲喂优质的青贮、微贮饲料或啤酒糟等。

(4)饮水必须加温:未经加温处理的自来水和井水,在冬季容易结冰,牛饮用后常导致消化不良,从而诱发消化道疾病。因此,在给牛饮水时,最好将水加热到15~25℃。如果向温水中加点食盐和豆末,不仅增强牛的饮欲,而且有降火、消炎的作用。

(5)适量补充饲喂:冬季,牛的草料成分比较单一,可在其饲料中加入适量的尿素,尿素是补充蛋白质的有效来源。一般6月龄以上的犊牛每天喂30~50g,青年牛每天喂70~90g,成年母牛每天喂150g左右。但尿素适口性差,可按尿素1%与精料混合后拌草饲喂,喂后半小时内不宜饮水。

(6)抓好配种:牛通常是"夏配春生,冬配秋生",冬季配种怀胎,可避开炎热夏季产犊,并有利于牛获得高产。因此,应抓住冬季的大好时机,做好牛的配种工作,提高受胎率,为新生犊牛顺利降生和健康生长打下良好基础。

(7)刷拭牛体:不仅可以保持体表清洁,还能促进皮肤血液循环和新陈代谢,有助于调节体温和增强抗病能力。因此,要定期刷拭全身各部位。此外,要定期对牛舍、运动场进行消毒,并按防疫程序进行疫苗注射,发现疾病早治疗,确保母牛健康,保证多产奶。

29.如何识别母牛怀孕?

（1）看瞳孔识别:怀孕母牛的正上方虹膜上出现3条特别显露的竖立血管,即所谓的妊娠血管,它充盈突起于虹膜表面,呈紫红色。而没有怀孕的母牛虹膜上血管细小而不显露,此法准确率较高。

（2）看口腔识别:打开母牛的口腔,看两边的舌下肉阜,如果呈鲜红色,则为怀孕母牛;如果是粉红色或是淡红色,则母牛没有怀孕,此法准确率稍低,一般多作为瞳孔血管鉴定方法的辅助鉴定。

（3）看尾巴识别:牛的尾巴在不甩动下垂时,若遮盖阴户而向左或向右斜放者,说明牛已怀孕。如果尾巴正垂直遮盖当中者,说明没有怀孕。

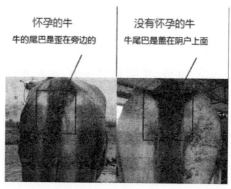

（4）看牛奶识别：用手挤出的牛奶是蜜糖色并呈糊状、不流动的则多为怀孕母牛；若是白色稀的，而且一挤会自然流出的则为空怀母牛。

30.母牛流产的原因有哪些？

（1）疾病原因：如母牛患有布氏杆菌病、胎儿狐菌病、毛滴虫病和钩端螺旋体等传染病，此外子宫畸形，羊水增多，均可引起母牛流产。

（2）营养缺乏：若草料不足，营养不平衡，母牛体质瘦弱，迅速掉膘而引起流产。

（3）饲料中毒：如玉米黄曲霉素超标，饲喂发霉腐败饲料引起中毒，均可引起流产。

（4）寒冷刺激：饲喂冰冻饲料饲草，饮冷水、冰碴水，均可引起母牛子宫突然异常收缩，造成流产。

（5）管理不当：如牛舍过挤、互相冲撞、角斗、摔倒、滑倒、突然受惊，牛舍潮湿阴冷等，此外粗鲁地进行直肠检查、阴道检查、孕牛误配均可造成流产。

31.母牛妊娠期禁喂哪些饲料？

母牛妊娠期间的饲喂一定要特别注意，除了需要合理搭配饲料保证各类营养的摄入外，还应禁止饲喂霉、酸、糟三类饲料。

（1）霉变饲料：如豆腐渣等霉变，含有大量霉菌毒素或其他有毒有害物质，怀孕母牛采食后毒素会在体内不断累积，会出现食欲下降、腹泻、抵抗力下降、流产、死胎及产弱犊等现象。

（2）酸性较大的饲料：如青贮饲料、发酵饲料等，怀孕母牛长期采食酸性较大的饲料会出现流产、死胎及产弱犊等现象。当然母牛妊娠期可以适量喂一些酸性饲料，但需要在饲料中添加缓冲剂（碳酸氢钠)来中和饲料酸性。

（3）糟渣类饲料：白酒糟、啤酒糟等，这类饲料除了酸性较大外还含有一定的酒精，怀孕母牛大量采食后极容易出现流产，因此母牛应尽量少喂酒糟。若采用酒糟饲喂怀孕母牛的情况下，应先对其进行充分晾晒，使其中的酒精尽可能地挥发干净，然后逐渐增加饲喂量并配合精料、优质青干草、添加剂等进行饲喂。

32.怀孕母牛如何管理？

（1）一不混群：怀孕牛不和其他牛混群饲养，应单独饲养，以免挤撞怀孕牛而使其受到意外伤害，要保证怀孕牛安全。

（2）二不打：不打冷鞭，不打孕牛头腹，以免受到惊吓导致流产，保证怀孕牛的情绪稳定，平和待产。

（3）三不吃：不饲喂带霜、冷冻、霉烂变质的草料，尽量减少有毒、有害物质的摄取，应提供富含营养的饲草和饲料。

（4）四不饮：不给孕牛饮冷水、冰水、脏水、污染水等，以免影响牛体健康。

33.母牛长期拴养容易引起哪些问题？

（1）体质差，容易生病。

（2）膘情容易过肥，引起子宫脱垂或难产。

（3）犊牛出生后体质差。

因此母牛妊娠期保持充足的运动量十分有必要，特别是母牛妊娠中后期，应该采用散栏饲养的模式，扩大运动场地等，每天的运动时间不低于 2h。

34.母牛妊娠期间为什么要多晒太阳？

（1）可以合成维生素 D，促进钙的吸收。

（2）可以促进血液循环，增强母牛体质。

（3）可以降低母牛寄生虫病、皮肤病、肢蹄病的发病率。

因此，母牛多晒太阳的好处还是比较多的，但要尽量避开夏季高温时间段和冬季低温且风大时晒太阳。

35.如何预防母牛难产?

牛的难产比较多。这是因为牛的骨盆轴比较弯曲，所以分娩时不利于胎儿通过。此外，胎儿过大，胎儿姿势、位置、方向不正，都会导致母牛难产。难产一旦发生，极易引起犊牛死亡，也常危及母牛生命。预防难产的措施如下。

（1）青年母牛不要配种过早，要达到性成熟和体成熟时才能配种，配种过早在分娩时容易发生骨盆狭窄等情况。

（2）在妊娠期间，要保证供应胎儿和母牛的营养需要。

（3）对妊娠母牛，要安排适当的运动，以利分娩时胎儿的转位，适当运动还可防止胎衣不下以及子宫复位不全等疾病。

（4）临产时对分娩正常与否要做出早期诊断。从开始努责到胎膜露出或排出胎水这段时间进行观察或检查。

养殖户希望母牛及时发情、及时受胎、妊娠安全、产犊顺利。若母牛营养不良和营养不平衡，会导致发情不及时、久配不孕或产后瘫痪、胎衣不下、乳房炎等。母牛必须要有足够的营养（包含矿物质和维生素等）才能促进母牛的促排卵机能和启动体内各种妊娠要素，以保证胎儿妊娠期安全、分娩后健康。

36.母牛子宫复旧不全如何治疗?

母牛产后子宫恢复至未孕时状态的时间延长，称为子宫复旧不全。

（1）病因：老龄、肥胖、缺乏运动、胎儿过大、难产时间过长等，均能导致子宫复旧不全。胎衣不下、子宫脱出及产后子宫内膜炎可继发本病。

（2）诊断：很多产后恶露排出时间大为延长。阴道检查可见子宫颈口弛缓开张，有的病牛在产后 7 天仍能将手伸入，产后 14 天还能通过 2 指。直肠检查能感到子宫体积大、下垂。

（3）治疗：增强子宫收缩，促进恶露排出，可肌肉注射麦角新碱 3~4mg，或缩宫素 60~80 国际单位，同时给予钙制剂，并在子宫内放置抗生素。中药可用加味生化汤或加味归芎汤：党参 40g、黄芪 90g、当归 60g、升麻 30g、川芎 30g、炙甘草 20g、五味子 30g、半夏 30g、白术 30g。灌服，隔日 1 剂，连用 3 剂。

37.养好繁殖母牛应注意哪些要素？

繁殖母牛的繁殖性能关系到整个肉牛养殖场的经济效益。养殖繁殖母牛的目的是提高母牛的配种受胎率、泌乳性能，确保母牛在产后发情早，所产犊牛的品质好、成活率高，犊牛的初生重和断奶重大，因此就需要加强繁殖母牛的饲养管理工作。

母牛的营养是影响母牛繁殖力的重要因素。对母牛要进行科学化的饲养，要根据不同的孕期及时调整营养水平和饲料供给量。每个时期需要的营养量是不一样的，并不是高营养就可以了，而是要适合此阶段。不适宜的营养就会造成母牛的繁殖障碍，营养水平过高、过低都会使母牛性欲降低，出现交配困难。营养水平过高，导致母牛过度肥胖，会增加胚胎的死亡率，犊牛成活率也会降低。初情期的牛需要多补充蛋白质、维生素和矿物质营养。初情期前后的牛需要优质粗饲料或牧草。必须加强母牛的饲养管理，提高母牛营养水平，维持适当的膘情，才能保证母牛正常发情，若营养跟不上，母牛即使是妊娠，由于母体营养不良，生出的犊牛会初生体重小、生长慢、抗病能力差。因此，繁殖母牛饲养中的要点主要有以下方面：

（1）繁殖母牛要保持良好体况，既不能过瘦，也不能过肥，对于过瘦的母牛应适当补充精料,供给足够的能量饲料,可适当补充玉米,同时也要防止母牛过肥。过度肥胖,可导致母牛卵巢脂肪变性,影响滤泡成熟和排卵。

（2）注意补充钙、磷。钙、磷比例为 1.5~2:1,补充方法,在饲料中添加磷酸氢钙、石粉、麦麸等。

（3）以玉米和玉米芯为主要饲料时,能量可得到满足,但是粗蛋白、钙、磷和维生素 A 稍不足,应注意补充,粗蛋白的主要来源是各种饼(粕)类,如豆饼(粕)、葵花饼等。

（4）母牛的膘情以 8 成膘为最好。最低也应在 6 成膘以上,5 成膘的母牛很少发情。

（5）怀孕母牛的体重应适度增加,为哺乳期贮备养分。

（6）怀孕母牛每天的饲料需要量:瘦牛占体重的 2.25%,中等占 2.0%,体况好占 1.75%,哺乳期内适当增加能量。

（7）怀孕母牛的总体增重在 50kg 左右。应注意怀孕最后 30 天的饲养。

（8）哺乳母牛要比怀孕母牛能量需要高 5%,蛋白质、钙、磷的需要量则高出 1 倍。

（9）母牛分娩后 70 天的营养状况,对犊牛最重要。

（10）母牛分娩后 2 周内:加喂温热麸皮汤和红糖水,可防子宫脱落。产后母牛一定保证充足的清洁饮水。

（11）母牛分娩后 3 周内:泌乳量上升,增加精料,每天干物质采食量 10kg 左右,以优质粗饲料和青贮饲料为好。

（12）分娩后 3 个月内:产奶量下降,母牛又怀孕,此时可适量减少精料。

第六篇　疾病篇

1.肉牛常用的抗生素及其作用有哪些?

(1)青霉素:最常用抗生素药物之一。对革兰阳性球菌及革兰阳性杆菌、螺旋体、梭状芽孢杆菌、放线菌以及部分拟杆菌有抗菌作用。常用于感冒、肺炎等呼吸道感染及其他一些细菌感染。

(2)链霉素:常用抗生素药物之一。常配合青霉素用于治疗呼吸道感染。

(3)乙酰甲喹(痢菌净):常用于治疗拉稀等一些消化道感染。

(4)头孢类抗生素:如头孢噻呋、头孢唑林等,最常用抗生素药物之一。常配合青霉素或者其他抗生素治疗呼吸道感染、消化道感染及其他感染。

(5)沙星类抗生素:如恩诺沙星、环丙沙星、左氧氟沙星等,用于治疗泌尿生殖器官感染、消化道感染、呼吸道感染以及巴氏杆菌(出血败)等疾病。

(6)大环内酯类抗生素:如泰乐菌素、泰妙菌素、泰拉菌素,虽然抗菌作用较广,常用于牛传染性胸膜肺炎(牛肺疫、牛支原体肺炎)的治疗。

(7)磺胺类药物:如磺胺脒、磺胺嘧啶、复方新诺明等,磺胺脒口服治疗犊牛痢疾效果较好;其他磺胺类药物可用于全身感染、消化道感染、脑炎等。

(8)红霉素软膏:用于皮肤感染、眼部感染等治疗。

2.肉牛常用的驱虫药物及其作用有哪些?

(1)阿维菌素、伊维菌素:广谱驱虫药物,常用于体外寄生虫,如疥螨、蜱虫、跳蚤等,同时对线虫也有较好的驱虫效果。伊维菌素是阿维菌素的衍生物,两者驱虫效果差不多,但伊维菌素相对于阿维菌素毒性较低,有口服片剂、粉剂、皮下注射剂,体外喷剂等。

(2)左旋咪唑:对蛔虫、钩虫、丝虫均有较好的驱虫效果。常用于消化道寄生虫、肺丝虫,口服给药。

(3)阿苯达唑:对蛔虫、蛲虫、绦虫、鞭虫、钩虫、粪圆线虫等均有较好的驱虫效果,口服给药。

(4)硝氯酚、硫双二氯酚、溴酚磷:驱肝片吸虫。

(5)贝尼尔、黄色素、咪唑苯脲:驱牛焦虫。

(6)吡喹酮:驱牛血吸虫病。

3.养牛常用的疫苗种类有哪些?

(1)口蹄疫:每年春、秋两季用同型的口蹄疫弱毒疫苗接种 1 次,肌肉或皮下注射,1 岁以下 1mL,1 岁以上 2mL。注射后 14 天产生免疫力,免疫期 4~6 个月。

(2)牛巴氏杆菌病:在春季或秋季定期预防接种 1 次;在长途运输前可加强免疫 1 次;使用牛出血性败血病氢氧化铝菌苗,体重在 100kg 以下 4mL,100kg 以上 6mL,均皮下或肌肉注射,注射后21 天产生免疫力,免疫期为 9 个月;怀孕牛不宜使用。

(3)牛布氏杆菌病:牛流产布氏杆菌 19 号弱毒菌苗,只能用于育成母牛,即 6~8 月龄时接种,每次颈部皮下注射 5mL,免疫期12~14 个月;牛布氏杆菌苗,不论年龄、怀孕与否皆可注射,接种 2 次,第 1 次注射后 6~12 周再注射 1 次。

(4)牛病毒性腹泻:牛病毒性腹泻灭活苗,任何时候都可以使用,第1次注射后第14天应再注射1次。牛病毒性腹泻弱毒苗,犊牛1~6月龄接种,空怀青年母牛在第1次配种前40~60天接种,妊娠母牛在分娩后30天接种,免疫期6个月。

（5）魏氏梭菌病（牛猝死症）:皮下注射5mL魏氏梭菌灭活苗,免疫期6个月。

（6）牛传染性鼻气管炎:犊牛4~6月龄接种,空怀青年母牛在第1次配种前40~60天接种,妊娠母牛在分娩后30天接种,免疫期6个月。怀孕牛不接种。

（7）牛传染性胸膜肺炎弱毒苗:预防牛肺疫,免疫期为1年。用生理盐水或20%氢氧化铝生理盐水稀释,按照说明书使用。

4.哪些牛不可接种疫苗?

接种疫苗只是针对健康牛的一种防疫手段,并非所有牛都可接种疫苗,以下4种牛应禁止或谨慎接种疫苗。

（1）病牛:牛发病后,不少养牛户会给其接种相应疫苗希望能起到一定的治疗效果,殊不知疫苗并没有任何的治疗效果,病牛接种后反而会加快其发病过程与加重症状,因此病牛一律禁止接种任何疫苗。

（2）亚健康牛:一些牛虽然没有明显的发病症状,但却处于亚健康或带病未发病的状态,一旦接种疫苗便可能使其发病或出现其他问题,对于亚健康牛一定要将其调理好后再考虑接种疫苗。

（3）怀孕牛:疫苗使用说明上标明怀孕牛禁用的情况下,绝不可给怀孕牛接种,未标明或标明怀孕牛可用的情况下同样需谨慎使用,怀孕前期（0~45天）与怀孕后期（210天至分娩）的牛应尽可能避免接种疫苗。另外给怀孕牛接种疫苗时抓牛一定要轻、慢,避免急追猛赶造成机械性流产。

（4）犊牛：2月龄以内的犊牛,特别还正在吃初乳的犊牛应尽可能避免接种疫苗,首先,犊牛吃初乳或常乳期间从母体获得大量抗体可有效防止各类疫病的发生;其次,抗体与疫苗会相互干扰往往起不到免疫效果。

5.如何选择疫苗?

（1）具有生产批号：正规疫苗均具有相应的生产批号,而市场上一些假冒疫苗、劣质疫苗或小厂疫苗则没有生产批号,只有选择正规疫苗,效果与安全才能有所保证。

（2）选择口碑好：生产疫苗的厂家较多,但产品效果却有好有坏,应选择口碑比较好的疫苗。

（3）针对当地：一些疫病类型较多,例如牛口蹄疫分为O、A、C及亚洲1型等7个主型,其变异毒株更是数不胜数,只有选择与当地疫病类型相符的疫苗才能有较好的效果,不知当地疫病类型或疫病类型较多的情况下则尽可能选择多价疫苗。

6.新进牛应什么时间接种疫苗?

养牛户在交易市场进行购牛,防疫参差不齐,可能夹杂不少病牛、亚健康牛,加上长距离运输对牛应激非常大,这种情况下接种疫苗则等于雪上加霜,不仅不能起到好的免疫效果还容易使牛发病。最好的办法是牛装车前或到场后注射相应血清（根据地区、季节等,哪种疫病高发就注射哪种血清）,然后做好应激处理与饲养过渡,牛到场15~21天无任何症状的情况下再接种疫苗。

7.两次接种疫苗应间隔多长时间?

一些养牛户喜欢将多种疫苗、驱虫药物一起注射,这样不仅难以起到好的免疫效果还会对牛的健康造成一定的威胁。接种疫苗后至少间隔15~21天再考虑接种另外一种疫苗,疫苗与驱虫之间的间隔应在 10 天,特殊情况下可以考虑缩短时间。

8.注射疫苗后牛出现过敏反应如何救治?

牛在注射疫苗(如口蹄疫疫苗)后出现过敏反应,主要表现为突然倒地,瞳孔散大,口吐白沫;全身出汗,肌肉震颤,呼吸困难,站立不稳,心率加快,瘤胃鼓胀,反刍停止;高度兴奋,不躲避障碍物,乱冲乱撞,极度兴奋。

治疗原则:尽快使用肾上腺素及糖皮质激素等药物,然后瘤胃穿刺放出气体,解除瘤胃鼓气。

救治措施:及时注射肾上腺素 5mL、地塞米松 15mg(妊娠牛禁用)。

9.疫苗运输和保存过程中应注意哪些问题?

购买疫苗后,必须按规定的条件运输和保存,否则会引起疫苗质量下降或失效,从而导致免疫效果不佳甚至免疫失败。疫苗运输前须妥善包装,运输过程中要避免高温、阳光直射和温度高低不定引起的冻融,同时采取防震、减压措施,轻拿轻放,防止包装瓶破损。一般灭活疫苗和细菌性弱毒疫苗应在 2~8℃下冷藏运输,严禁冻结;病毒性弱毒疫苗最好在-20℃保存,温度越低,保存时间越长。疫苗应按品种和有效期分类存放于一定的位置,灭活疫苗、弱毒疫苗和稀释液分层放置,以免混乱而造成差错和不应有的损失。

10.犊牛的免疫程序有哪些?

(1)1 日龄:牛瘟弱毒苗,犊牛生后在未采食初乳前,先注射一头份牛瘟弱毒苗,隔 1~2h 后再让犊牛吃初乳,适用于常发牛瘟的牛场。

(2)10 日龄:传染性萎缩性鼻炎疫苗,肌注或皮下注射。

(3)20 日龄:肌注牛瘟苗。

(4)30 日龄:肌注传染性萎缩性鼻炎疫苗。

(5)40 日龄:口服或肌注副伤寒苗。

(6)60 日龄:牛瘟、肺疫、丹毒三联苗,2 倍量肌注。

11.经产母牛免疫程序有哪些?

(1)空怀期:注射牛瘟、牛丹毒二联苗(或加牛肺疫的三联苗),4 倍量肌注。

(2)每年肌注 1 次细小病毒灭活苗和乙脑苗,3 年后可不用注射。

(3)产前 45 天,肌注传染性胃肠炎、流行性腹泻二联苗。

(4)产前 35 天,皮下注射传染性萎缩性鼻炎灭活苗。

(5)产前 30 天,肌注犊牛红痢疫苗。

(6)产前 25 天,肌注传染性胃肠炎、流行性腹泻二联苗。

(7)产前 13 天,肌注牛伪狂犬病灭活苗。

12.诊断牛病有哪些技巧?

诊断牛病概括为:"两望、两闻、三观察、五触摸"。

(1)"两望"

①望整体:精气不足、神志反常、意识障碍、心神不安、心神狂乱;②望局部:眼、耳、鼻镜、口腔、饮食、二便、皮毛、胸腹。

(2)"两闻"

①听声音:叫声、咳嗽、呼吸、呻吟。②嗅气味:口腔、粪便、带下。

(3)"三观察"

①观察牛病的发生和发展过程。②掌握以往病史,观察病情变化。③掌握一贯表现,观察病因、症状。

(4)"五触摸"

①触摸体温。②触摸肿痛。③触摸胸部。④触摸腹部;⑤触摸直肠。

13.肉牛中常见的几种寄生虫病如何预防与治疗?

(1)线虫病:寄生于牛消化道的线虫种类很多,是影响牛生长的重要因素。成虫寄生在成年牛体内,虫卵随粪便排出体外,在一定条件下发育成幼虫。犊牛很容易被感染,约2个月在体内发育成熟。不同线虫的感染方式不同,牛消化道线虫一般为混合感染。患牛食欲较好,但日益消瘦,精神不振,口渴、贫血,便秘和下痢交替发生,有时便中带血,下颌、颈下、前胸、腹下水肿,粪便内可见到成虫,最后因发育不良而死亡。治疗用盐酸左旋咪唑,口服,每千克体重用药7~8mg,或肌肉注射伊维菌素每千克体重用药0.2mg,皮下或肌肉注射。驱虫后7天内要将犊牛与母牛分开饲养,及时清扫粪便并堆积发酵。

(2)皮蝇蚴病:是由于牛皮蝇和蚊皮蝇的幼虫寄生于牛皮下组织而引起的慢性疾病。雌蝇在牛体表产卵后就死去。所产的卵孵出幼虫从毛根钻入皮肤,并向牛背部移行,在第二年的春季到达背部皮下,形成局部隆起,并将皮肤咬一个小孔作为呼吸孔,既影响牛的生长又降低了皮革的利用价值。治疗时可在脊椎两侧看到或摸到硬肿块,切开可挤出幼虫。用倍硫磷,每千克体重6mg,深部肌肉注射;"敌百虫"(主要成分为邻氨基苯甲酸)每千克体重0.1g灌服,或配成2%溶液擦洗或喷洒体表;阿维菌素或伊维菌素每千克体重0.2mg,皮下注射。注意如牛出现中毒现象可用解磷定或硫酸阿托品解毒。

(3)弓形虫病:由弓形虫原虫引起的人畜共患寄生虫病。此病主要侵害犊牛,病牛发病突然,体温达40℃以上,呼吸困难,流泪,结膜充血,鼻内流出分泌物,不能站立,严重者后肢瘫痪。急性致死型表现神经症状并有虚脱。大多数母牛症状不明显,但发生流产,初乳和组织中可发现虫体。治疗用每千克体重磺胺二甲氧嘧啶 30mg，肌肉注射，每天 1 次，连用 5 天，首次剂量加倍。或用同剂量药物内服，每天 2 次，连用 3 天；磺胺二甲氧嘧啶 200mL，静脉注射，每天 1 次，连用 5 天；氯苯胍，每千克体重20mg，内服。注意在连续使用磺胺类药物时要同时服用碳酸氢钠，防止损坏肾功能。

（4）球虫病：是由寄生在直肠的艾美耳球虫引起的原虫性疾病，寄生在大肠中的球虫发育成卵囊，排出体外后发育成侵袭性卵囊，牛食入卵囊被感染，一般在春、夏、秋和多雨季节发病，低洼和潮湿的畜舍更容易引起感染，潜伏期为 2~4 周，各种年龄的牛都能发生，主要危害 6~12 月龄的犊牛，2 岁以上牛多为带虫者，但有时也会发病。治疗用磺胺二甲氧嘧啶每千克体重 0.1g，每天 1 次，口服，连用 7 天；氯丙啉每千克体重 20mg，每天 1 次，口服，连用 7 天；鱼石脂 20g、乳酸 2mL 加水 80mL 混匀，每天 2 次，每次 10mL，口服。在发病地区，成年牛为带虫者，应与犊牛分开饲养。挤奶或哺乳前，擦洗干净母牛乳房。发现病牛要立即隔离治疗，随时清理舍内粪便和垫草，保持地面干燥，并用 3% 苛性钠溶液消毒地面和料槽，将粪便堆积发酵。

（5）毛滴虫病：是由寄生在公牛和母牛生殖器官内的牛胎毛滴虫引起的生殖道疾病，通过配种而传染，可导致母牛早期流产和不孕，给生产带来一定危害。牛胎毛滴虫主要寄生在母牛的阴道和子宫内。母牛妊娠后在胎儿体内、胎盘和羊水中都有大量的虫体。人工授精器械消毒不严也是传播途径。母牛阴道红肿，黏膜上有红色结节，发生子宫内膜炎时，屡配不孕，从阴道流出脓性分泌物。妊娠母牛可发生早期流产或死胎，泌乳量下降。治疗时用 0.3% 碘溶液（碘 3g、碘化钾 6g、蒸馏水 1 000mL）冲洗子宫，也可用 1% 利凡诺冲洗,隔天 1 次;"灭滴灵"(主要成分为甲硝唑)每千克体重 60mg,每天 1 次,口服,连服 3 次,或按每千克体重 10mg 配成 5%的溶液静脉注射,每天 1 次,连用 3 次。

14.如何预防和治疗牛异食癖?

异食癖不是一种独立的疾病,其特征是到处舔食没有营养价值而不该采食的异物。发病初期常表现为消化不良,随之出现味觉异常和异食症状;随后出现舔食、吞咽、啃咬被粪便污染的饲草或垫土,舔食食槽、墙壁,啃吃被毛、煤渣、墙土、砖块、破布等异物。患病动物起初敏感性增强且易于惊恐,以后反应逐渐迟钝;其皮肤干燥,弹性降低,被毛粗乱无光,逐渐消瘦,贫血。异食癖多为慢性病,病程长短不一,有的甚至达 1~2 年。从临床症状虽然容易诊断,但确定病因较难,应从饲养管理、饲料分析等多方面调查综合分析,找出病因,才能有效防治。预防本病首先要加强饲养管理,给予全价饲料,尤其应注意蛋白质、维生素和矿物质的含量和比例;同时,供给充足饮水,保持舍内通风、采光合理,搞好环境卫生,定期驱除体内外寄生虫,减少应激反应发生。治疗主要是针对牛发病原因采取对症治疗,如继发于其他疾病时,首先要治疗原发病。

(1)缺钙:补充钙盐,如磷酸氢钙,或注射一些促进钙吸收的药物,如 1%维生素 D 15mL。

(2)缺碱:可供给食盐、小苏打或人工碱等。

(3)缺钴:可内服氯化钴,每次 20~40mg,每日 1 次。另外,在冬春季节多喂青干草,补充谷芽、麦芽、酵母等含维生素高的饲料,并保证日粮中色氨酸的有效供给,对防止本病均有好的效果。

15.牛磨牙的原因及如何治疗?

(1)饲料单一,营养不均衡:饲喂配合饲料,因为配合饲料的各种营养成分如矿物质、微量元素等搭配合理。喂精饲料应搭配青粗饲料,并适量添加矿物质、微量元素和维生素。对缺乏维生素(尤其是维生素 D)所致的磨牙,用维生素 AD 注射液,每千克体重肌肉注射 0.1mL,并喂服复合维生素 B,每天 2 次,每次 10 片,连用8 天。

(2)患有慢性消化不良病:会引起夜间磨牙,对于消化不良的肉牛要进行健胃开食,可采用多种方法。例如,对体重 100kg 以上的肉牛,用含量为 0.3g 大黄苏打片 10 片,研成末拌料饲喂,每天 2次,连喂 3 天,可起到健胃的作用。若同时用山楂、麦芽、神曲各 50g(1 次用量),煎汁拌料饲喂,每天 2 次,连喂 5 天,还可起到化食的作用。

(3)患有寄生虫病:会发生磨牙,必须及时清除,可用盐酸左旋咪唑肌肉注射 1 次,每千克体重 6mg,或者用芬苯达唑内服,一次量,每千克体重 7mg。

16.牛尿道结石的预防及如何治疗?

牛尿道结石症,又名"砂石淋",是牛的一种常见病,公牛因其尿道长而又有一个"S"形弯曲,故易发生尿道结石。其结石多数是由碳酸钙、尿酸盐、硅酸盐、磷酸盐等结晶所组成,小公牛发病率高,死亡率高。

(1)发病原因:长期饲喂单一的并未经脱毒处理的棉籽饼等所引起;寒冬季节青绿饲料及维生素缺乏,影响机体代谢也是促使发病的原因之一,缺乏维生素 A,钙磷比例失调,使矿物质在膀胱或肾脏内沉淀,结成小石块。维生素 A 的功能之一是维持体内呼吸、消化、泌尿生殖以及眼睛的健康,如果缺乏,表皮细胞就会角质化、降低抵抗力,泌尿道表皮细胞受损自然会影响尿的分泌与排出,角质细胞脱落又会形成结石的矿物质沉淀,表皮受损也可能引起炎症,使本来溶于尿中矿物盐沉淀下来。

(2)症状:初期病牛表现不安,有阵痛症状,后肢踢腹,尾根摇摆,后肢向两侧伸开,频频排尿,但排尿困难,有时只能排出几滴尿,或尿液中混有血液,或作排尿姿势而完全没有尿液排出(即尿闭)。严重病例在后期往往引起膀胱破裂,病牛精神沉郁,体温降低,口流清涎,肌肉震颤,呼吸深而慢,脉搏弱而快,全身皮下水肿,并发生尿毒症状,若不及时施术抢救,常于 4~5 天内死亡。

(3)预防方法

①严格控制日粮钙、磷比例为 1.5~2:1,绝不允许日粮中磷的含量比钙含量高。

②提高日粮中食盐含量至 1%~2%,以促使牛多喝水和多排尿。

③在日粮中加入 2%氯化铵,使日粮呈酸性,以防尿液中形成磷酸盐沉淀。

④日粮能量、蛋白质、矿物质和维生素必须平衡,特别是维生素 A 的添加。

17. 肉牛血便的原因有哪些?

(1)胃肠道损伤或胃溃疡:食入易刺伤胃肠的东西(如铁丝、铁钉等)、肠套叠、肠扭转或者饲料过粗过细等引起的胃肠道损伤或者胃溃疡都会发生血便。

(2)中毒:饲料质量不好,如玉米、棉籽粕、麸皮等原料以及饲料本身问题或者运输、保存不当造成二次霉变都会引起霉菌毒素中毒,进而损伤胃肠道黏膜,造成出血,血液连同粪便排出,发生血便。

(3)寄生虫:某些寄生虫寄生于胃肠道,破坏消化道黏膜,造成出血现象,一般会随粪便排出,如小袋纤毛虫等,这种寄生虫是断奶犊牛的一种大肠寄生虫病,其特征为腹泻、便血、衰弱和消瘦,结肠和盲肠呈溃疡性肠炎病变,严重时可引起死亡。

(4)传染病:如红痢、血痢、回肠炎等。回肠炎又称为增生性肠炎,回肠末端与结肠壁增厚、黏膜有溃疡,或有残留的"岛状"变化,粪便呈黑红色柏油状稀粪。

18.肉牛棉籽饼中毒如何治疗?

长期大量饲喂含棉酚多的棉籽饼就会引起中毒,慢性中毒与钙、磷代谢紊乱和维生素 A 缺乏有关。

(1)症状:急性中毒呈瘤胃积食症状,脱水,酸中毒和胃肠炎,尿量少,粪稀常带血;慢性中毒则食欲减少,尿频或尿闭,常继发呼吸道炎、肝炎和黄疸、夜盲和干眼病。剖检可见消化道、肝、心肌及肺充血、出血、变性、肿大等病变。

(2)治疗:①5%葡萄糖生理盐水或复方氯化钠溶液 2 000~5 000mL;②5%碳酸氢钠 500mL 或 10%乳酸钠 200~400mL,混合静注,连用 2~3 次,用生理盐水洗胃。

19.肉牛如何预防口蹄疫?

(1)危害:肉牛口蹄疫的危害大,因为此病流行快、传播广,而且春季是牛口蹄疫的高发季节,病畜的水疱、乳汁、尿液、口涎、泪液和粪便中均含有病毒。该病入侵途径主要是消化道,也可经呼吸道传染,空气和鸟类也是远距离传播的因素之一。

(2)症状:潜伏期 2~7 天,体温升高 40~41℃,流涎,很快在唇内、齿龈、舌面、颊部黏膜、蹄趾间及蹄冠部柔软皮肤以及乳房皮肤上出现水泡,水泡破裂后形成红色烂斑,之后糜烂,也可能发生溃疡,愈合后形成斑痕,蹄部疼痛造成跛行甚至蹄壳脱落。本病在成年牛一般死亡率不高,大概 1%~3%,但在犊牛,由于诱发心肌炎和出血性肠炎,死亡率很高。

（3）预防：平时要积极预防、加强检疫,要定期注射口蹄疫疫苗。常用的疫苗有口蹄疫弱毒疫苗、口蹄疫亚单位苗和基因工程苗,牛在注射疫苗14天后产生免疫力,免疫力可维持4~6个月。一旦发病,则应及时报告疫情,同时在疫区严格实施封锁、隔离、消毒、紧急接种及治疗等综合措施,在紧急情况下,尚可应用口蹄疫高免血清或康复动物血清进行被动免疫,按每千克体重0.5~1mL皮下注射,免疫期约2周。

（4）治疗

①口腔病变：可用清水、盐水或0.1%高锰酸钾液清洗,后涂以1%~2%明矾溶液或碘甘油,也可涂撒中药冰硼散（冰片15g,硼砂150g,芒硝150g,研为细末）于口腔病变处。

②蹄部病变：可先用3%来苏儿清洗,后涂擦龙胆紫溶液、碘甘油、青霉素软膏等,用绷带包扎。

③乳房病变：可用肥皂水或2%~3%硼酸水清洗,后涂以青霉素软膏。患恶性口蹄疫,除采用上述局部措施外,可用强心剂（如安钠咖）和滋补剂（如葡萄糖盐水）等。

20.牛高烧如何护理？

高烧是牛患重病的表现,特别是发高烧过久时,牛体各系统器官的功能及代谢都会发生障碍,营养消耗增加,消化功能减弱,牛体消瘦,以致引起并发症。因此,对发高烧的病牛,除及时请兽医诊疗外,应做到认真护理。

（1）多休息：牛舍应保持清洁、安静的良好环境,让病牛多休息,减少活动,降低病牛体力消耗,减少热能产生。

（2）多饮水：病牛发烧后,牛体营养物质消耗多,口干舌燥,食

欲降低,以致厌食。所以,应让病牛多饮水,以补充体液,促使肠道
毒素排出。

(3)多通风:牛怕热,夏季气温高时,可打开前后门窗通风,加
速空气对流,有利于畜体散发热量。天太热的中午至下午 3 时前,
可开机送风,以加大气流和通风量,有利于降低体温。

(4)多喂料:病牛高烧减食后,要多喂适口性好、易消化、营养
全价饲料,再多喂些优质干草,以满足病畜的营养需要,增强抗病
能力。必要时饲喂调理肠胃的药物,以增强食欲。一旦病牛饲料采
食量有所增加,说明病牛病情大有好转。

(5)多看护:对高烧病牛要加强护理,要有专人看护,尤其是重
症病牛,每天早晨和午后测体温,以掌握病牛的体温变化,并做好
病历记录。退热后的病牛常伴有大量出汗,要用干净的毛巾及时擦
干。注意观察,防止病牛虚脱和体温骤降,特别是大风降温天气或
夏秋季阴雨天气和气温下降的夜间,要做好保温措施,防止病牛因
着凉感冒再次发烧而加重病情。

21.如何防治肉牛瘤胃酸中毒?

(1)发病原因:育肥牛饲喂精料量过高,精粗料比例失调,不遵
守饲养制度,突然更换饲料;饲喂青贮饲料酸度过大,引起乳酸产
生过剩,导致瘤胃内 pH 迅速降低,因瘤胃内的细菌、微生物群落数
量减少和纤毛虫活力降低,引起严重的消化紊乱,使胃内容物异常
发酵,导致酸中毒。

(2)临床症状:病症较轻时,食欲降低,瘤胃蠕动减弱,轻度的
脱水和排泄软便,往往于 3~4 天后可自然恢复;严重时,食欲完全
废绝,瘤胃停止蠕动,排泄酸臭的水样稀便。部分肉牛可能还会出
现眼球明显凹陷,步态蹒跚,卧地,姿势与产后瘫痪相似,不能站

立,陷于昏迷状态而死亡。

(3)临床治疗:对轻症病例,用碳酸氢钠 300~500g,姜酊 50mL,龙胆酊 50mL,水 500mL,一次灌服,或灌服健康牛瘤胃液 2 000~4 000mL。严重时要进行瘤胃冲洗,即用内径 25~30 毫米粗胶管插入瘤胃,排除瘤胃液状内容物,然后用 1% 盐水或自来水反复冲洗;静脉注射 5% 碳酸氢钠注射液 2 000~3 500mL,调整体液 pH,补充碱储量,缓解肉牛瘤胃酸中毒。

(4)预防措施

①逐渐提高肥育牛日粮的精料水平,最终日粮精粗比宜控制在 80:20 以下。

②添加缓冲剂,如碳酸氢钠(小苏打)、氧化镁等,小苏打与氧化镁的添加比例以 2:1 或 3:1 为宜。

③日粮中添加 3%~5% 油脂,可以降低瘤胃酸中毒的发生率。

④控制肉牛的采食量。

22. 如何防治牛瘤胃弛缓?

(1)症状:精神沉郁,食欲减少,时吃时停,喜饮水,喜食粗饲料、精料和酸性料,反刍缓慢或停止,瘤胃蠕动次数减少;鼻镜干燥,有时磨牙;倦怠无力,常伏卧,逐渐消瘦,被毛粗乱;先便秘,后腹泻,或便秘腹泻交替出现。

(2)预防:注意改善饲养管理,合理调配饲料,不喂霉败、冰冻、质量粗劣的饲料,防止突然变换饲料,加强运动。

(3)治疗:原则是消除病因,排除瘤胃内容物,恢复瘤胃蠕动能力。治疗方法:洗胃先用 4% 碳酸氢钠或生理盐水,然后用 5% 葡萄糖生理盐水 1 000~3 000mL,20% 葡萄糖溶液 500mL,5% 碳酸氢钠 500mL、20% 安钠咖 10mL,1 次静脉注射;或 10% 氯化钠溶液

500mL、20%安钠咖 10mL，1 次静脉注射；或氯化钠 25g、氯化钙 5g、葡萄糖 50g、安钠咖 1g、蒸馏水 500mL，1 次静脉注射；或人工盐 250~300g，或硫酸钠 500g，加水后 1 次灌服。对于继发性瘤胃弛缓注意后期全身性消炎处理，可以用头孢产品，进行消炎，避免继发疾病感染。

23.如何防治牛不反刍？

（1）临床症状：病牛精神不振、头低耳聋，食欲、饮水减少或消失，反刍缓慢而次数减少、咀嚼无力，瘤胃蠕动力量减弱、次数减少、触诊瘤胃内容物充满，个别有轻度胀气现象，嗳气发臭，粪便呈糊状或干硬附有黏液，内含不消化饲料、个别牛排粪，且经常放屁，严重的发病牛不愿站立，四肢虚肿，体温正常或者略低。

（2）治疗原则：加强瘤胃蠕动、促进反刍、促进消化、制止发酵。

①复合维生素 B 每千克体重 0.1ml 肌肉注射或静脉补糖钙。

②成年牛每天每次 500g 反刍散灌服。

③5%碳酸氢钠每千克体重 2ml 静脉注射或灌服。

24.如何防治牛误食塑料薄膜？

（1）临床症状：精神不振，食欲减退，咀嚼无力，反刍少，有时口角会流出带泡沫的液体，出现假性呕吐动作，还会发生间歇性瘤胃鼓气和积食。病牛初期便秘，呈暗褐色，后期腹泻，粪便中混有黏液，引发肠炎，病牛腹痛不安，不时回顾腹部或用后蹄踢腹。静卧时，病牛大多呈右侧横卧，头颈屈曲于胸腹侧。如果不及时治疗，病牛会极度消瘦而死亡。

（2）预防：人工收捡田地中废弃的塑料薄膜，集中销毁或回笼加工再利用；喂草料时要剔除混杂在其中的塑料薄膜、尼龙绳（袋）等异物。

（3）治疗

①初期：若牛口腔中还有部分未咽下的，要让牛保持安静状态，然后打开口腔，用手或镊子将薄膜或尼龙绳（袋）慢慢拉出来；取植物油（菜籽油)500~1 000mL 或液状石蜡油 1 500~2 000mL，1 次灌服；用硫酸镁 500g，加温水 2.5L1 次灌服。

②中期：给病牛皮下注射新斯的明 10~20mL，5h 后重复注射 1 次；用碳酸氢钠 30~50g、酵母粉 40~50g，加水适量，1 次灌服；取鱼石脂 20g，溶于 20%酒精 200mL 中，加温水适量，1 次灌服；用 3%硝酸毛果云香碱 5~10mL，1 次皮下注射。

25.如何处理牛误食铁丝、铁钉等金属异物?

牛在采食草料时，往往都是大口吞咽，不经充分咀嚼便将草团直接送入瘤胃内，这样就特别容易误食铁丝、铁钉等金属异物。由于这类东西多比较锐利，反刍时难以伴随草团上来，便会长时间停留在瘤胃内，很可能在胃肠蠕动时穿透胃壁、刺向心脏，进而发生创伤性心包炎，严重的情况下牛则可能出现死亡。

（1）如何确定牛瘤胃内是否有金属异物

①采用金属探测器检查牛瘤胃内是否有金属异物。

②采用指南针靠近牛瘤胃体表部位，若指南针发生偏移则有较大可能有金属异物存在。

③患有顽固性腹泻，不愿趴卧或运动，强迫运动时不愿转弯，被毛粗乱无光，体质消瘦，这类牛应重点排查。

（2）牛瘤胃取铁的方法

应先准备好专用牛瘤胃取铁器、牛开口器，并检查系于磁铁和开口器上面的绳子，保证不会滑脱或拉断。另外需要取铁的牛精神状况应良好，并禁食 1 天，便于空腹取铁。

①将牛站立保定牢固，助手采用牛鼻钳夹住鼻子向斜上方牵引，插入胃管并灌入 0.4% 淡盐水（温度需要保持在 40℃左右），灌入重量为牛体重的 5% 左右，以便充分稀释瘤胃内容物。

②给牛放置开口器，并牢固地固定在口腔中，使口腔适度张开。通过开口器，用取铁器的手柄将带有绳索的磁铁送入牛的喉部，让牛将磁铁吞入瘤胃。到达瘤胃后，继续让牛将绳索吞下，进入食管的绳索长度大致与牛体长一致，最后把绳索末端牢固的系于开口器上。

③将磁铁放入牛瘤胃后，需要进行遛牛，可选择陡坡上下行走，走跑结合，并多进行几次急转弯，持续 20~30min 以便磁铁在牛瘤胃内充分移动吸金属异物。

④运动后，让牛稍作休息，然后使其站立在水平地面上，缓慢拉出磁铁。磁铁通过贲门时会有一定阻力，千万不可猛拉硬拽，应拉送结合多进行几次，直到缓慢拉出为止。

⑤将拉出的磁铁冲洗干净，并取下金属异物。若磁铁尾部沾满金属异物可能未取净，还需再进行一次瘤胃取铁。

（3）预防

①牛饲料加工场所、养牛场所避免铁丝、铁钉等金属异物散落，发现后应及时捡起来，放在牛不能采食的地方。

②在饲料加工机械的入口处放置强力吸铁石，可以最大限度地避免铁丝、铁钉等金属异物的进入，人工拌料时则可用磁铁棒作为拌料工具或在拌料工具上绑定强力吸铁石。

26.如何治疗牛瘤胃胀气？

牛采食大量精料滞留在瘤胃内，或者采食易发酵的饲草饲料，便会在瘤胃内异常发酵产气，从而出现瘤胃胀气。

（1）症状：患牛食欲几近废绝，反刍几乎停止，腹部膨胀，以左侧嵌窝部位为甚(瘤胃在左侧嵌窝部位),严重者甚至可高出脊梁。患牛因腹部不适及疼痛常回头望腹,用后肢踢腹等,口中流有白色泡沫唾液,呼吸加快每分钟可达 60~80 次。患牛不排便或拉稀,粪便中会带有没有消化的饲草饲料,气味恶臭。随着病情的发展,到了后期患牛会出现运动失调、站立不稳或倒地不起等表现,不断呻吟,哞叫,常因呼吸困难或心脏停搏而亡。

(2)预防

①不要给牛饲喂过多的精料,需要增加精料喂量时,应逐渐增加缓慢过渡,让其有一个良好的适应过程。

②牛采食大量幼嫩牧草,特别是豆科幼嫩牧草便会出现瘤胃胀气。

③不要给牛喂玉米皮、半干不湿的马铃薯秧等粗纤维含量高且韧性大的草料,以免在瘤胃内形成草团不能下行,草料长时间滞留在瘤胃内同样会异常发酵产气。

④适当增加运动和光照时间,定期给牛喂一些健胃药物及益生菌制剂,以使其保持良好的消化功能。

(3)治疗

①牛轻微胀气禁食 24h,并灌服适量液状石蜡油、硫酸镁、硫酸钠或人工盐进行缓泻,及加入适量酒精、鱼石脂进行止酵即可。

②牛胀气严重的情况下,应进行瘤胃穿刺放气或采用胃管插入瘤胃放气,放气一定要缓慢,以免放气过快,患牛脑缺氧而亡。

③牛胀气时间较长的情况下,还应静脉输液调节电解质平衡和纠正酸中毒等,可注射葡萄糖生理盐水和 5%碳酸氢钠注射液。

④用木棍横在患牛口腔内,用绳子拴住两端固定在患牛耳后,然后将患牛头部稍微抬高,这样也可以使瘤胃内的气体排出。

⑤尽量使患牛多运动,会加快瘤胃内气体的排出。

27.为什么牛舌头伸出口腔外且不停地摆动?

牛舌头伸出口腔外且不停地摆动,可能夏季炎热,为了散热;可能是一种癖好;可能是微量元素缺乏;可能是寄生虫感染;若时间很长,可能是巴氏杆菌病(浮肿型)的表现。

巴氏杆菌病是由巴氏杆菌属的细菌引起的各种家畜的一种传染病的总称。在牛上出现称为出血性败血症,在猪上出现称为猪肺疫,在禽上出现称为禽霍乱。

牛巴氏杆菌(牛出血性败血症)有3种形式。

(1)败血型:表现高热(41~42℃),鼻镜干燥,结膜潮红,食欲废绝,反刍、泌乳停止,腹痛,下痢,粪便恶臭并混有黏膜片及血液,有时鼻液和尿中有血。

(2)浮肿型:除全身症状外,在颈部、咽喉部及胸前,出现炎性水肿,初热痛而发硬,后无热,疼痛轻。舌肿胀而伸出齿外,有时不停摆动,呈暗红色。眼红肿流泪,可视黏膜发绀。

(3)肺炎型:表现为急性纤维素性胸膜肺炎症状,病牛呼吸困难,有痛苦干咳,流泡沫鼻汁,后呈脓性。后期下痢。

预防:加强饲养管理,尽量消除一切可能降低机体抵抗力的因素;圈舍定期消毒;长途运输时前可饮水,来防止机体自身免疫力降低而被细菌侵害。新引进的畜禽要隔离观察,确认无病后方可合群并圈,定期注射疫苗预防。

治疗:巴氏杆菌属革兰氏阴性菌,对硫酸卡那霉素、硫酸链霉素、恩诺沙星等敏感。在治疗时应配合阳性药。由于有时病牛表现神经症状,还需加入维生素 B_1(抗神经炎素)。

28.如何防治牛的头和颈及下颌肿胀?

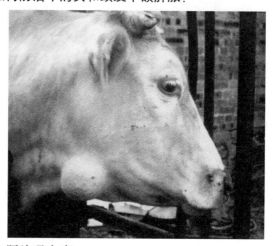

(1)牛肝片吸虫病

牛肝片吸虫病,又被叫做"牛肝蛭病",是牛常见的寄生虫病之一。肝片吸虫对牛的危害特别大,主要寄生在牛肝脏和胆管内,可引起急性或慢性肝炎和胆管炎,破坏肝脏功能,造成全身中毒和营养障碍,使牛生长受阻,引发贫血等,一般呈地方性流行。急性型患牛主要表现为体温升高,偶尔腹泻,出现贫血,数日内死亡。慢性型患牛主要表现为贫血、黄疸、消瘦、下颌、胸前及腹下水肿,常出现腹泻、前胃弛缓或膨胀,严重的病牛会衰竭而亡。

牛肝片吸虫病出现的肿胀是水肿,即触摸比较软有波动感,且会伴随消瘦、贫血等症状。

预防:每年定期驱虫 2 次,第 1 次驱虫可在秋末冬初,主要防止牛冬季发病,第 2 次驱虫在冬末春初,主要减少病原传播,驱虫可选择氯氰碘柳胺钠等具有针对性的驱虫药物, 患牛排出的粪便中含有大量的虫卵,污染了饲草或饮水便会感染健康牛,这是虫卵扩散的主要途径,因此,应及时将牛舍内的粪污清理干净并进行堆积发酵,同时严格对牛舍进行消毒。

治疗:首选驱虫药氯氰碘柳胺钠或硝氯酚;但同时还应对严重患牛进行对症治疗,如注射葡萄糖、维生素 C、肌苷、三磷酸腺苷等为患牛补充营养、加快恢复。

(2)牛放线菌病

是由放线菌引起的一种慢性传染病,以头、颈、颌下和舌出现放线菌肿为特征, 本病的发生并没有明显的季节性, 常呈零星发病,2~5 岁成年牛最易感。放线菌存在于土壤、饲料及饮水中,并寄生在牛的口腔及上呼吸道中, 当牛口腔黏膜发生损伤时便会感染本病。

牛放线菌病引起的肿胀和牛肝片吸虫病引起的肿胀可以区分,牛放线菌病引起的肿胀多较硬,而牛肝片吸虫病引起的肿胀多较软,摸起来有波动感,另外牛肝片吸虫病除了头、颈及下颌肿胀外还会有其他一系列表现,如贫血、黄疸、高烧及腹泻等,而牛放线菌病除了头、颈及下颌肿胀以及舌咽部肿胀引起的"木舌病"外,基本上无其他症状。

预防:预防牛放线菌病最关键的防治牛皮肤、黏膜损伤,应尽量避免饲喂粗硬的饲草,饲喂前应对其粉碎、揉丝或软化处理,以防止刺破口腔黏膜。当牛口腔或头颈部发生损伤后,应及时进行消毒处理防治感染。

治疗:症状轻微者可口服碘化钾 5~10g,一次性口服,犊牛减半,每天 1 次,连用 2~4 周;严重者可用 10%碘化钠溶液 50~100mL 静脉注射,隔天 1 次,连用 3~5 次,当牛出现碘中毒时可停药 5~7 天。青霉素 320 万国际单位,链霉素 200 万国际单位,注射用无菌水 20mL 进行溶解,然后在肿胀周围进行分点注射;发病初期肿胀部位较小时,也可采用手术将其切除,发病后期可将肿胀部位切开进行引流。

(3)打针不规范

打针时消毒不严格,可能使针眼出现感染,继而周围出现肿胀或溃烂;肌内注射时一个点注射过多的药液,肌肉不能吸收便会出现坏死,或注射刺激性的药液,例如伊维菌素(肌内注射具有较强的刺激性),也会出现肌肉坏死;静脉注射时药液流出血管,特别是具有刺激性的药液流出血管,例如氯化钙、浓盐等,便会使周围出现钙化、肿胀及坏死等。

预防:打针时一定要对注射部位、注射器具进行严格消毒;肌内注射时一个注射点不可注射过多的药液,以不超过 20mL 为宜,当需要注射较多的药液时可以进行分点注射;尽量不要使用对肌肉具有刺激性的药物;静脉注射时应对针头进行固定,防止药液漏到血管外面。

治疗:当牛注射部位出现轻微肿胀时,可以采用热敷的方式消除肿胀;采用鱼石脂对肿胀处进行涂抹,以进行消肿或加快熟化;对于已熟化的肿胀部位可采用刀片切开,并用生理盐水进行冲洗,将里面的脓肿物清理干净,然后撒入抗生素粉,较严重的情况下还应配合全身消炎治疗。

29.母牛子宫内膜炎发病原因是什么?

(1)胎衣滞留是引起产后子宫感染的主要原因之一。胎衣不下时剥离不净、胎衣腐败及手术分离时造成子宫黏膜损伤,均为病原微生物的侵入和生长创造了条件。

(2)人工授精技术员不按配种操作规程输精,配种器械和母畜外阴部消毒不严格或不消毒,在直肠检查后不清洗外阴就输精,输精时手捏子宫颈太重,粗暴输精等不合理操作,为病原菌侵入子宫创造了条件。

(3)饲养管理粗放,饲料单一,缺乏钙盐及其他矿物质和维生素,致使母牛体质下降,加之牛舍阴冷潮湿和粪尿严重污染,造成子宫内膜炎发生率增高。

(4)其他疾病引发难产、子宫脱出、流产、阴道炎、子宫复旧不全等都可并发子宫内膜炎。

30.母牛胎衣不下如何防治?

母牛分娩后 12h 以内排除胎衣。若超出 12h 仍不能排出时,称为胎衣不下。

(1)原因:是日粮中缺乏优质干草、维生素和矿物质,特别是钙磷比例失调;其次是缺少运动和光照;另外患有生长点生殖道疾病、难产死胎也易发生胎衣不下。

(2)症状

①全部胎衣不下:通常从阴门垂下部分带状胎衣,多为尿膜、羊膜及脐带,表面光滑呈淡红色,且常被粪土污染。也有胎衣全部滞留于子宫或阴道,如果不及时治疗,胎衣很快腐败,甚至引起败血症,导致母畜死亡。

②部分胎衣不下:残存在母体胎盘上的胎儿胎盘仍存留在子宫

内,经2~3天,腐败的胎衣同恶露一同排出,也常可伴发子宫内膜炎。

全部或部分胎衣不下时,病畜常有拱背、不安、举尾、努责、减食或停食,阴门排出恶臭的液体和腐败组织,或有体温升高,脉搏增加等全身性反应。

(3)防治

①药物治疗:用垂体后叶素或缩宫素注射液50~100国际单位,或乙烯雌酚注射液,用10%氯化钠2 000~3 000mL、土霉素4g子宫灌注,也可用胃蛋白酶20g、稀盐酸15mL、水300mL,混合后子宫灌注,可促进胎衣的自溶分离。

②手术剥离:使用手术将胎儿与母体分离的一种方法。术前保定病畜,用0.1%高锰酸钾将阴门及周围、阴道冲洗干净,并向子宫注入10%氯化钠2 000~3 000mL。术者的指甲剪光、磨光、手臂消毒、涂油。剥离时,一手捏住悬垂的胎衣,另一手沿阴道臂慢慢伸入子宫与胎膜之间,用食指和中指夹住胎盘周围绒毛膜,使其成一束,以拇指剥离母子胎盘相互结合的周缘,剥离半周后,手向手背倒翻转以扭转绒毛膜,使绒毛从小窝中拔出,这样由近及远,由上而下,轻轻地从母体胎盘上剥离。注意不要把母体胎盘弄破,在操作中还要注意病畜子宫的努责状况。

③预防感染:胎衣不下或手术剥离之后,应放置或灌注抗菌防腐剂,可用金霉素或四环素、青霉素、0.26%雷佛奴尔、0.1%呋喃西林等。

31.牛毛不光滑的原因是什么?

(1)微量元素缺乏:精料喂量正常,牛的膘情不理想,一般不会出现消瘦,但牛毛依旧表现不佳,可能是矿物质、微量元素以及维生素缺乏所导致。

（2）营养不良：当牛长期营养不良，特别蛋白质缺乏时，除牛毛表现不佳外还会出现消瘦的现象。牛个体大、生长速度快，对营养消耗便会更大，仅靠一些劣质粗饲料并不能满足营养需求，因此应科学搭配饲料合理进行饲喂。精料配比时能量饲料应占 65%~75%、蛋白质饲料应占 20%~25%，此外还需添加各类矿物质、微量元素、维生素以及缓冲剂等。育肥牛精料每天喂量一般占体重的 1%~1.5%，繁殖母牛则需要根据膘情、营养需求等因素确定。

（3）寄生虫：牛容易患寄生虫病，当牛体内外寄生虫过多时，便会影响营养正常吸收与过度消耗营养，也会出现牛体消瘦、毛色差的现象。应根据当地寄生虫流行情况制订相应的驱虫计划，切勿等牛有明显寄生虫症状表现时再进行驱虫。

32.肉牛拉稀原因有哪些?

（1）霉菌性拉稀：牛饲喂发霉变质饲料极易引起霉菌性胃肠炎。病牛精神萎靡，食欲减退，反刍减少甚至停止，持续拉稀，粪便恶臭，混有泡沫、黏液和血液，但体温不升高，使用各种抗菌剂治疗无效。治疗：每次可灌服 0.9%盐水 2 500~4 000mL，每日 2~3 次，同时供给优质干草。严重者,需静注 5%葡萄糖氯化钠注射液 1 000~3 000mL、维生素 C 2~4g。

(2)中毒性拉稀:牛饲喂过酸的青贮料、酒糟等,易引起瘤胃酸中毒。病牛精神沉郁,结膜呈淡红色,食欲减退甚至废绝,目光呆滞,步态蹒跚,后肢踢腹。严重者卧地不起,磨牙呻吟,肌肉颤抖,治疗:石灰 50~100g,加水 1 000~1 500mL,充分搅拌静置沉淀 5~10min,取上层清液,一次灌服,每日 3 次,连用 2~3 天。严重者需静注 10%葡萄糖酸钙注射液 200~400mL。

(3)不洁性拉稀:由于采食赃物、污水,极易引起细菌性胃肠炎。病牛精神沉郁,体温升高,食欲、反刍减少甚至废绝,持续拉稀,初期排粪如喷射状,后期排粪乏力,粪中混有泡沫、黏液和血液。治疗:大蒜 60g,捣碎,加适量水灌服,每日 3 次;严重时肌注氯霉素,每千克体重每次 5~10mg,配合内服磺胺嘧啶,首次每千克体重 0.2g,每日 2 次。

(4)草食性拉稀:牛采食过多的刚发芽的嫩草或青饲料,导致胃肠功能失调而引起下泻,粪便稀薄呈青绿色,病牛精神、食欲良好,体温正常。防治:轻者只需饲喂适量干草或稻草,控制嫩草和青饲料的采食量,即可康复。重者生姜 50~75g,捣碎炒熟,加白酒 50~100mL,1 次灌服,每日 3 次,连服 2~3 天可愈。

33.牛脱毛的原因及如何治疗?

(1)原因

①营养性脱毛:多发生于冬季,由于这时牛多采食作物秸秆、稻草、麦秆、豆秸等,营养缺乏,饮水不足,可出现清瘦脱毛,身上被毛稀拉脱落,但很少成片脱落,皮肤无炎症,一般不痒。患牛肠胃功能减退,易发生便秘。

②蛔虫病脱毛:多发生于 90 日龄内犊牛,尤其是 30~40 日龄的犊牛更为严重。脱毛的部位多在鬐甲两侧,有手掌大小、圆形、光滑、平整的秃斑,无出血现象,其他部位很少脱毛。

③类圆线虫病脱毛:多发生于 4 月龄左右的犊牛。脱毛部位集中在下腹部和腹侧。由于患犊舌舔和擦痒,使被毛成片脱落,如擦伤出血,则形成硬块。病犊常伴有持续性拉稀。

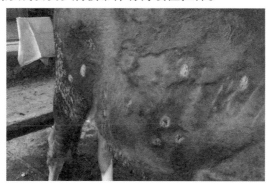

④线癣脱毛:脱毛位置多局限于颜面部,周围边缘明显,常形成水疱,痂皮很厚,发痒。

⑤疥螨、痒螨症脱毛:前者脱毛多在头、颈部,后者脱毛多出现于肩、颈及尾根部,患处极痒,病犊常挨近木桩、树干或墙壁擦痒,出血后形成痂皮,皮肤出现皱褶或龟裂,被毛脱落。

（2）治疗

①犊牛脱毛症及犊牛遗传性角化不全症：犊牛出生时正常，但到1~2月龄时表现腋下、腹胁部、膝部、飞节及肘部、颌下、颈部等部位无毛区，且局部皮肤呈现鳞片状或厚痂皮的角化不全，研究报道：与锌代谢有关，补锌（每天口服氧化锌0.5g）有较好治疗效果。但停止治疗后易复发，用药剂量应随体重增加而增加。

②因肺炎、败血症、严重腹泻而发高烧等的重病牛：数天内或病后2~3个月内，偶尔会出现颈、躯干、四肢等部位大面积脱毛、脱毛后裸露健康皮肤；疾病衰弱等原因，长期卧地，粪尿污物持久浸润皮肤引起的局部脱毛，同时皮肤因受刺激而呈粉红色或红色。治疗先用温肥皂水清洗患部，使患部保持干燥，勤换垫草并使垫草保持清洁干燥，皮肤裸露区域可外用氧化锌软膏，同时注意治疗原发性疾病，如原发性疾病治愈，局部脱毛可逐步完全恢复。

③由外寄生虫病（如疥癣）引起的脱毛，除有局部脱毛症状外，另有原发性疾病的特征性症状。对此类脱毛的治疗，应针对病因，重点治疗原发病。

④对患蛔虫和类圆线虫症的犊牛，按每千克体重一次内服磷酸左旋咪唑8mg。

34.如何防治肉牛便秘?

肉牛便秘是牛秋季常发的一种疾病，由于肠道运动机能降低，肠道平滑肌蠕动弛缓，导致肠内容物大量聚集，肠管扩张，排粪停滞，出现便秘。发病部位大多数在结肠。该病一般多见于成年牛，并以老年牛发病率较高。

（1）病因：饲喂大量含粗纤维的饲料，如玉米秸、麦秸、豆秸等，由于这些富含粗纤维的粗饲料首先导致肠道兴奋刺激，随后引起肠道运动和分泌减退,最终引起肠道平滑肌蠕动弛缓和肠积粪,特别是在连续饲喂粗纤维饲料而又缺乏饮水时,更能助长便秘的发生。

(2)症状:病初腹痛轻微,但可呈持续性,两后肢交替踏地,呈蹲伏姿势;或后肢踢腹,拱背,努责,呈排粪姿势;鼻镜干燥,结膜呈污秽的灰红色或黄色,口腔干臭,有灰白或淡黄色舌苔。通常不见排粪,频频努责时,仅排出一些胶冻样团块;腹痛增剧以后,常卧地不起。病程延长以后,腹痛减少或消失,卧地和厌食,偶尔反刍,但咀嚼无力。

(3)预防:防止大量饲喂粗饲料,要精粗搭配;要喂充足的青绿多汁饲料和饮水;要保证有一定的运动量;要定期驱除肠内寄生虫。

(4)治疗

①西医疗法:瓣胃注射液状石蜡油 1 500~2 000mL;用复方氯化钠溶液、生理盐水、平衡液或者 5%糖盐水 3 000~4 000mL,进行静脉注射,每天 1~2 次,可在上述药液中加入 1%氯化钾溶液 150~250mL会更好;灌服硫酸镁或硫酸钠 300~500g,加水 7 000~9 000mL,可促泻;犊牛患此病,可用 70~100mL 液状石蜡油或者 40mL 甘油,每 5~7h 灌服 1 次,效果较好;用新斯的明 0.02~0.06g,进行皮下注射。

②中医疗法:用植物油 800~1 200mL,1 次灌服促泻;用灌肠器反复灌温肥皂水;用人工盐 250g、芦荟 40~50g、蓖麻油 400~600g、硫酸钠 300g,混合后 1 次灌服。

35.牛眼结膜炎如何防治?

牛眼结膜炎是牛最常见的一种眼病,有卡他性、化脓性结膜炎等类型。结膜炎是眼结膜受外来或内在轻微刺激引起的炎症。

（1）症状：羞明，流泪，结膜充血，结膜浮肿，眼睑痉挛，渗出物流出及白细胞浸润。急性卡他性结膜炎是临床上最常见的病型，结膜潮红、肿胀、充血，流浆液、黏液或黏液脓性分泌物。重度病症，眼睑肿胀、带热痛、羞明、充血明显，甚至见出血斑。炎症常波及球结膜。分泌物量多，初稀薄，继发变为黏液脓性，并积蓄在结膜囊内或附于内眼角。当炎症侵及结膜下时，结膜高度肿胀，疼痛剧烈；慢性卡他性结膜炎多由急性转来，症状不明显。充血轻微，结膜呈暗红色、黄红色或黄色，羞明很轻或见不到流泪症状。经久病例，结膜变厚，呈丝绒状，常有少量分泌物；化脓性结膜炎是因感染化脓菌或某种传染病经过中发生，或是卡他性结膜炎的并发症。化脓性结膜炎症状较重，常由眼内流出多量纯脓性分泌物，时间越久越浓，上下眼睑常被粘在一起。化脓性结膜炎常波及角膜而形成溃疡，常常带有传染性，急性卡他性结膜炎一般容易治愈。若病因不除或治疗不及时常转为慢性。化脓性结膜炎易导致角膜的严重并发症。

（2）防治

结膜炎易诊断。治疗常采取除去病因、清洗患眼、遮断光线和对症治疗。

①除去病因：牛结膜对各种刺激有敏感性，环境不良是常见病因。牛结膜炎可由结膜外伤、各种异物（如灰尘、谷物芒刺、干草粉末、花粉、烟灰、被毛、昆虫等）进入结膜囊内或粘于结膜上引起；也可由化学药物溅入，如石灰粉、熏烟、厩舍、空气中大量氮和硫化氢等刺激性气体存在 各种刺激性药品包括消毒药品、农药等误入眼内。还可因光学的（如强日光直射）、温热的（如热伤）、寄生虫（如牛泪管吸吮线虫）、传染病（如传染性鼻气管炎引发、牛流感、牛流行热继发）、毒物（如毒药或误食有毒植物）等引发。由传染病、寄生虫

病引发或继发、并发的症候性牛结膜炎,以治疗原发病为主,适当对症治疗。其他原因引起的,应先设法将原因除去。由环境不良引起的,应改善饲养环境。

②清洗患眼。洗眼溶液有 2%~4%硼酸溶液,0.1%利凡诺溶液,0.85%生理盐水,0.01%~0.02%高锰酸钾溶液,0.5%~1%明矾溶液,0.01%呋喃西林溶液,0.1%新洁尔灭溶液等。常用 3%硼酸溶液或0.1%利凡诺溶液洗涤结膜囊。冲洗患眼后,立即选用合适眼药水或眼软膏点眼。常见抗菌素眼膏有 1%~2%红霉素、四环素、金霉素、新霉素等眼膏。常见眼药水有 1%~4%后马托品溶液、0.5%醋酸可的松溶液,3%~5%磺胺嘧啶溶液,0.5%磺胺噻唑溶液,10%~30%磺醋酰胺钠溶液,0.5%~1%新霉素溶液,0.5%~1%金霉素溶液,1%链霉素溶液,0.5%~2%硝酸银溶液,1%~2%硫酸铜溶液,0.5%~2%硫酸锌溶液等。

③遮蔽光线。将患牛放在暗厩内,也可包眼绷带。当眼分泌物较多时,包眼绷带妨碍看东西,需要随时清洗患眼,以不包眼绷带为好。

④对症治疗。急性卡他性牛结膜炎,充血明显时,初期冷敷。分泌物变为黏液时,改为热敷,用 0.5%~1%硝酸银溶液点眼,1~2 次/d。

36.牛传染性鼻气管炎如何防治?

牛传染性鼻气管炎,又称"坏死性鼻炎""红鼻病",是由病毒引起牛的一种接触性传染病,表现上呼吸道及气管黏膜发炎、呼吸困难、流鼻汁等症状,还可引起生殖道感染、结膜炎、脑膜脑炎、流产、乳房炎等多种病型。本病的危害性在于,病毒侵入牛体后,可潜伏于一定部位,导致持续性感染,病牛长期乃至终身带毒,给控制和消灭本病带来极大困难。

（1）病原

牛传染性鼻气管炎病毒，又称牛（甲型）疱疹病毒，是疱疹病毒科、疱疹病毒亚科、水痘病毒属。本病毒在牛肾、牛睾丸、肾上腺、胸腺，以及猪、羊、马、兔肾，牛胎肾细胞上生长，并可产生病变，使细胞聚集，出现巨核合胞体。

（2）流行病学

本病主要感染牛，尤以肉用牛较为多见，其次是奶牛。肉用牛群的发病有时高达75%，其中又以20~60日龄的犊牛最为易感，病死率也较高。

病牛和带毒牛为主要传染源，常通过空气经呼吸道传染，交配也可传染，从精液中可分离到病毒。病毒也可通过胎盘侵入胎儿引起流产。当存在应激因素（如长途运输、过于拥挤、分娩和饲养环境发生剧烈变化）时，潜伏于三叉神经节和腰、荐神经节中的病毒可以活化，并出现于鼻液与阴道分泌物中，因此隐性带毒牛往往是最危险的传染源。

（3）症状

潜伏期一般为4~6天，有时可达20天以上，人工滴鼻或气管内接种可缩短到18~72h。本病可表现多种类型。

①呼吸道型：通常于每年较冷的月份出现，病情有的很轻微甚至不能被觉察，也可能极严重。急性病例可侵害整个呼吸道，对消化道的侵害较轻些。病初发高热39.5~42℃，极度沉郁，拒食，有多量黏液脓性鼻漏，鼻黏膜高度充血，出现浅溃疡，鼻窦及鼻镜因组织高度发炎而称为"红鼻子"。有结膜炎及流泪。常因炎性渗出物阻塞而发生呼吸困难及张口呼吸。因鼻黏膜的坏死，呼气中常有臭味。呼吸数常加快，常有深部支气管性咳嗽。有时可见带血腹泻。重

型病例数小时即死亡;大多数病程 10 天以上。严重的流行,发病率可达 75%以上,但病死率只 10%以下。

②生殖道感染型:由配种传染。潜伏期 1~3 天可发生于母牛及公牛。病初发热,沉郁,无食欲。频尿,有痛感。阴户下流黏液线条,污染附近皮肤,阴门阴道发炎充血,阴道底面上有不等量黏稠无臭的黏液性分泌物。阴门黏膜上出现小的白色病灶,可发展成脓疱,大量小脓疱使阴户前庭及阴道壁形成广泛的灰色坏死膜。当擦掉或脱落后遗留发红的破损表皮,急性期消退时开始愈合,经 10~14 天痊愈。公牛感染时潜伏期 2~3 天,沉郁、不食、生殖道黏膜充血,轻症 1~2 天后消退,继则恢复;严重的病例会出现发热,包皮、阴茎上发生脓疱,随即包皮肿胀及水肿,尤其当有细菌继发感染时更重,一般出现临床症状后 10~14 天开始恢复,公牛不表现症状而带毒,从精液中可分离出病毒。

③脑膜脑炎型:主要发生于犊牛。体温升高达 40℃以上。病犊共济失调,沉郁,随后兴奋、惊厥、口吐白沫,最终倒地,角弓反张,磨牙,四肢划动,病程短促,多归于死亡。

④眼炎型:一般无明显全身反应,有时也可伴随呼吸型一同出现。主要症状是结膜角膜炎。表现结膜充血、水肿,并可形成粒状灰色的坏死膜;角膜轻度混浊,但不出现溃疡;眼、鼻流浆液脓性分泌物。很少引起死亡。

⑤流产型:一般是病毒经呼吸道感染后,从血液循环进入胎膜、胎儿所致。胎儿感染为急性过程,7~10 天后死亡,再经 24~48h 排出体外。因组织自溶,难以证明有包涵体。

(4)诊断

根据病史及临床症状,可初步诊断为本病。确诊本病要作病毒分离。分离病毒的材料,可在感染发热期采取病畜鼻腔洗涤物,流产胎儿可取其胸腔液,或用胎盘子叶。可用牛肾细胞培养分离,再用中和试验及荧光抗体来鉴定病毒。间接血凝试验或酶联免疫吸附试验等均可作本病的诊断或血清流行病学调查。近年来,已采用病毒 DNA 的核酸探针技术检测。

（5）防治

由于本病病毒导致的持续性感染，防制本病最重要的措施是必须实行严格检疫,防止引入传染源和带入病毒(如带毒精液)。有证据表明,抗体阳性牛实际上就是本病的带毒者,因此具有抗本病病毒抗体的任何动物都应视为危险的传染源，应采取措施对其严格管理。发生本病时,应采取隔离、封锁、消毒等综合性措施,由于本病尚无特效疗法,病畜应及时严格隔离,最好予以扑杀或根据具体情况逐渐将其淘汰。

关于本病的疫苗,目前有弱毒疫苗、灭活疫苗和亚单位苗(用囊膜糖蛋白制备)三类。研究表明,用疫苗免疫过的牛,并不能阻止野毒感染,也不能阻止潜伏病毒的持续性感染,只能起到防御临床发病的效果。因此,采用敏感的检测方法(如 PCR 技术)检出阳性牛并予以扑杀可能是目前根除本病的唯一有效途径。

37.牛结节性皮炎的症状及其治疗方法有哪些?

牛结节性皮炎是由痘病毒科、羊痘病毒属的牛疙瘩皮肤病毒引起的,患牛以发热,皮肤、黏膜、器官表面广泛性结节,淋巴结肿大,皮肤水肿为特征的传染病。该病块状皮肤病,能引起感染动物消瘦,产乳量大幅度降低,严重时导致死亡。皮肤结节位于表皮和真皮,大小不等,可聚集成不规则的肿块,最后可能完全坏死,但硬固的皮肤病变可能持续存在几个月甚至几年。有时皮肤坏死可招引蝇虫叮咬最后开成硬痂,脱落后留下深洞;也可能继发化脓性细菌感染和蝇蛆病。

治疗方法:

(1)冷冻液氮疗法。应用液氮产生深度低温,作用于局部组织,用以治疗牛疙瘩皮肤病。

(2)激光刀割。采用激光刀割,割后止血消炎,在伤口处喷洒除癞灵喷雾。

(3)口服伊维菌素。

(4)抗生素治疗。对病牛要隔离,已破溃的疙瘩要彻底清创,注入抗菌消炎药物或用3.0%次氯酸钠溶液、3.0%碘溶液、0.5%新洁尔灭溶液、1%明矾溶液、0.1%高锰酸钾溶液等冲洗,溃疡面要涂擦碘甘油。为了防止并发症,可使用抗生素和磺胺类药物。对发生过疙瘩皮肤病的圈舍、病牛接触过的用具,可用碱、漂白粉等消毒。病牛的粪便要堆积发酵处理,还要做好蚊蝇等消灭工作。

38.集约化肉牛养殖场疾病防控措施有哪些?

(1)肉牛养殖场选址应统筹安排、周密计划,利于饲料运输和疾病预防。养殖场应考虑建在地势高、避风、向阳、易于排水的地势平坦的地方,土质的透水性强,不容易积水,有利于牛舍的清洁与卫生。同时也要求地下水位低,不容易被场内的排放物所污染,否则环保部门就会严查,而且还会招致因污染引起的纠纷或赔偿问题;为保证生产生活及人畜的用水,养殖场要有符合生活饮用水标准的充足水源;肉牛养殖需要大量的饲草饲料,要离饲草饲料资源近,而且交通便利,以保证草料的充足供应。同时也便于牛只或牛肉的运输销售,养殖场远离主要交通要道、村镇工厂、生活饮用水源地、动物屠宰加工场所、动物与动物产品集贸市场 500m 以上,能有效避免养殖场与周围牛病的相互传播,场址符合《中华人民共和国动物防疫法》的相关规定。

(2)养殖场场区布局合理、设计科学、配备必要的防疫设施。养殖场场区按照其使用目的及功能通常包括生活区、饲草饲料贮藏、供应区、生产区、病畜管理区及粪污处理区等。生活区应建在肉牛养殖场上风头和地势较高地段,并与生产区保持 100 m 以上的距离,以保证生活区良好的卫生环境;饲草饲料贮藏、供应区应在较生产区地势高的上风口,且与生产区的距离近处,以便于于饲草、饲料的供应和节省运输成本,该区必须配备足够的防火、防鼠设施。生产区应建在养殖场场区的较下风位置,生产区要能有效控制外来人员和车辆的直接进入。

生产区牛舍的布局合理,可以按分群、分阶段饲养管理以后备母牛舍、基础母牛舍、产犊母牛舍、断奶犊牛舍、育肥牛舍排列,各牛舍间要保持适当距离,布局整齐以便于防疫和防火。病畜管理区设在生产区下风地势低处,与生产区保持 300 m 以上的卫生距离。

粪污处理区设在生产区下风地势最低位置,以便于集中整个养殖场的生活、生产排放物。按防疫的需要,各场区应相对隔离,但也要适当集中,这样也利于人员的管理和合理安排和对突发事件的处理。在设计上除生活、场区外各场区的进出通道应相互独立，进料、粪便通道更应相互分开。与外界应有专用道路相连通，场内道路分净道和污道，两者严格分开，不得交叉、混用。

牛舍设计根据当地的气候条件、地理条件注意采光、通风、保暖，牛床地面应结实、防滑、易于冲刷，并有适当的坡度向排污沟倾斜，牛槽要便于牛只采食、料草饲喂，通道的宽度适中，利于运输工具通行，牛舍视饲养牛的情况而定，面积要适中，要适当兼顾部分运动场的功能。各场区地面和墙壁要选择适宜清洗消毒的建筑材料。除生活区外，各场区应设立门卫传达室、消毒室（或消毒通道）、更衣室和车辆消毒池及相应的消毒工具，严禁非生产人员出入场内，出入人员和车辆必须经消毒室或消毒池进行严格消毒。各场区合理配置防火消防设施，更应专门设有单独或独立的生产工具放置区，避免各场区的生产工具相互混用，并定期对工具进行消毒处理。整个养殖场内合理布局排污设施，以保持场内的清洁干燥。合理配置兽医防疫设施，便于及时对牛只进行预防、治疗，节省劳力和减少牛只的应激。养殖场四周建有围墙、防疫沟，并有绿化隔离带。定期对场内设施进行维护、保养，确保设施运转转正常。总之，在养殖场的选址、布局、建设上要充分考虑经济、节能、环保。要有利于养殖场的卫生防疫、粪尿污水减量化、无害化处理和环境保护；有利于节水、节能，提高劳动生产率，满足肉牛育肥和生产的技术要求，经济实用，便于清洗消毒和安全卫生。

（3）科学养牛、加强饲养管理，提高牛群对疾病的抵抗力。养殖场内肉牛的许多疾病在很大程度上因饲养管理不当引起，饲养管理不良成为许多疾病的直接或间接因素。饲养管理在一定程度上决定着某些肉牛疾病的发生发展方向，所以，科学的饲养管理是减少肉牛养殖场疾病发生的一个重要途径。在肉牛的饲养管理过程中，按牛的品种、年龄、体况以及体重大小进行分群饲养,按不同生长时期的营养需要合理配制各生长阶段牛只的饲料,并适时根据牛群的生长、增重情况对饲料配方作调整,确保饲料的营养平衡,以保证牛群正常发育和生产的营养需要,防止营养代谢障碍和中毒疾病的发生。对饲草、饲料进行科学的管理和饲喂,饲草饲料房要保持干燥通风,防止饲草饲料发生霉变、变质。精饲料的存放时间不宜过长,以防止饲料中营养成分的损失。饲草饲料在饲喂过程中注意有无霉变现象,对霉变饲草饲料应及时剔除或进行脱毒处理后方可进行饲喂。注意牛舍的环境,为肉牛营造卫生、干燥舒适的生长环境。每天及时清除粪尿,保持牛床清洁干燥。牛舍要具有一定的采光能力和保持良好通风,做好牛舍的冬天防寒和夏天防暑,经常对牛床、生产用具等进行清洁消毒,使牛群始终生活在干净卫生的环境中。在保障充足的营养和饮水的同时让牛群有适当的运动,以促进牛只胃肠蠕动,增进食欲,有利于营养物质的消化吸收,促进牛群的健康生长。以上这些能有效降低和防止消化道疾病、呼吸道疾病、四肢疾病、繁殖障碍疾病的发生。

(4)规范、严格消毒,有效降低场内、外疾病的相互传播。肉牛养殖场门、生产区和牛舍入口等处都应专门设立消毒池,明确消毒工作的管理者和执行人,定期更换或添加消毒药,确保消毒药的有效浓度。每一员工有各自的工作服和相应的存放位置,进入场区前必须穿戴已消毒的工作服、鞋、帽、手套等,离场前换下工作服,放在各自的位置进行消毒,员工必须经过消毒通道后方可离场。禁止不经消毒的物品直接带入或带出场内、外。谢绝无关人员进入牛舍,必须进入者需穿戴参观专用的服装或通过消毒通道。一切外来人员和车辆进出时,必须做好严格的消毒。定期做好场内的环境、生产用具的消毒和清洗工作。场区内禁止饲养动物,若以安全需要养狗的必须进行拴养。禁止猫、狗、鸡等动物进入牛舍。禁止在生产区内宰杀病牛或其他动物。做好各场区的灭鼠工作,特别在夏、秋季。定时清除蚊、蝇滋生地,定时喷洒化学药物消灭蚊、蝇成虫,杀灭蚊、蝇的幼虫子和虫卵,能有效预防虫媒疾病的发生。利用生物发酵和化学药品处理粪污。消毒是消灭病原、切断传播途径、控制疫病传播的重要手段,是防治和消灭疫病的有效措施。养殖场内进行科学、规范的消毒能有效预防疾病的发生。

(5)按时免疫接种提高机体免疫力,定期检测疫病及时消灭传染源。为了提高牛机体的免疫功能,抵抗相应传染病的侵害,需定期对健康牛群进行疫苗或菌苗的预防注射。为使预防接种取得预期的效果,应在掌握本地区传染病种类和流行特点的基础上,结合牛群生产、饲养管理和流动情况。制定出比较合理、切实可行的免疫程序,特别是对某些重要的传染病如炭疽、口蹄疫、牛流行热、牛出败等适时地进行预防接种。定期对牛常见流行病和人畜共患病(如结核病、副结核病、布氏杆菌病)的检测工作,并对阳性牛只做好隔离、无害化处理,防止疾病扩散、蔓延。同时也要加强员工人畜共患病及健康的检测,以防止人畜共患病的发生。

(6)积极做好场内普通疾病的防治工作。每天至少应对牛群巡视1次,重点观察牛只采食、饮水是否正常,牛只的粪、尿是否正常,以便及时发现病牛,为治疗争取时间。对病牛采取及时、正常的治疗,并做好相应的治疗记录。